LE NOUVEAU
DE LA QUINTINYE.

SECONDE PARTIE.

JARDIN POTAGER.

TRAITÉ
DES JARDINS,
OU
LE NOUVEAU
DE LA QUINTINYE,
CONTENANT

1°. La description & la culture des Arbres Fruitiers ;
2°. des Plantes Potageres ; 3°. des Fleurs ;
4°. des Arbres & Arbrisseaux d'ornement.

SECONDE PARTIE.
JARDIN POTAGER.

PAR M. L. B***.

A PARIS,

Chez P. FR. DIDOT jeune, Libraire de la Faculté
de Médecine, Quai des Augustins.

M. DCC. LXXV.
AVEC APPROBATION, ET PRIVILEGE DU ROI.

TRAITÉ
DES JARDINS.

JARDIN POTAGER.

I. *LABOUR ET ENGRAIS.*

SI l'on confidere combien les Plantes Potageres
font utiles & même néceffaires à la nourriture de
l'homme, on ne fera pas furpris que nous donnions
quelqu'importance à cet objet, & que nous en-
trions dans le détail des caracteres propres à chacune, & de la culture qui lui convient.

Les arbres forment un très-grand épanouiffement
de racines qui fe diftribuent de côté & d'autre, &
qui prenant continuellement de nouveaux accroif-

semens, s'étendent & s'infinuent dans de nouvelles particules de terre, & en recueillent les fucs.
De forte qu'un arbre peut fubfifter dans un terrein
tant que fes racines peuvent y trouver des parties
neuves & pleines de fels ; & s'il eft du genre de
ceux qui ont peu de racines , ou qui profitent &
croiffent lentement , il ne l'épuifera pas en un
fiecle.

Mais les plantes placées fort près les unes des
autres étant garnies de racines d'autant plus nombreufes & actives que dans l'efpace de quelques
mois ces plantes doivent prendre toute leur croiffance & faire leurs productions ; cette multitude de
fuçoirs qui pénétrent toutes les molécules d'une
planche de terre, l'épuifent & l'effritent tellement,
que rarement la même efpece de plante pourroit
y fubfifter l'année fuivante ; & lorfque plufieurs
efpeces de plantes s'y font fuccédées, & que chacune en a tiré les fels qui lui conviennent , elle
devient affadie & inepte à la végétation , fi elle
n'eft remontée de nouveaux fels par les Labours
& les Engrais.

Que l'on compare la maffe des Legumes que
l'on retire d'un efpace de terre avec celle de toutes
les productions des arbres qui occupent un efpace
égal , on jugera combien ces fecours font plus
néceffaires , & doivent être plus fréquens aux ter-

reins employés à la culture des plantes, qu'à ceux qui sont occupés par des arbres.

I. *Labours*. Les Labours ont pour objets 1°. de rendre les terres meubles, deliées, légeres, & faciles à être pénétrées par la chaleur & l'humidité, les deux grands agents de la végétation, & d'augmenter & d'entretenir leur fertilité, en mettant deſſous les parties du deſſus qui ont été comme cuites & bénéficiées par le ſoleil, & ramenant en-deſſus les parties du deſſous chargées de ſels qui s'y ſont précipités à une profondeur à laquelle les racines des plantes pénétrent rarement, afin qu'ils ſoient atténués, affinés, perfectionnés : 2°. de détruire les mauvaiſes herbes en les enterrant avec les graines qu'elles ont répandues ſur la ſurface du terrein, afin qu'en ſe pourriſſant elles fourniſſent de nouveaux ſels, au lieu de dévorer des ſucs néceſſaires à de meilleures productions. Or les Labours, pour remplir le premier objet, doivent être faits dans des tems différens, & d'une façon différente, ſuivant la qualité différente des terreins, & les eſpeces de plantes que l'on ſe propoſe de cultiver.

1°. Les terres légeres & ſéches doivent être labourées très-profondément avant l'hiver, afin que les eaux des pluies & des neiges les pénetrent fort avant, & corrigent leur défaut d'humidité. Pendant.

l'été il ne faut les labourer que dans les tems de pluie ; ou si l'on est obligé de le faire dans les tems secs, il faut leur donner aussi-tôt une mouillure abondante, afin d'en rapprocher les parties & de rendre moins prompte & moins facile l'évaporation de leur peu d'humidité. Dans ces terres qui s'échauffent aisément, les Labours sont moins nécessaires pour y introduire la chaleur, que pour donner passage à l'eau des pluies & des arrosemens qui seroit bientôt évaporée si elle ne pénétroit pas avant.

2°. Il ne faut, au contraire, donner aux terres fortes, compactes, froides, humides, qu'un léger Labour vers la fin d'Octobre, pour les dresser, & faire périr les mauvaises herbes. Mais au printems, lorsque la saison des pluies est passée, & dans l'été, lorsque le tems est le plus sec, on ne peut les labourer trop profondément ni trop fréquemment, afin de les rompre, les diviser, y faire pénétrer la chaleur, & en faire évaporer l'humidité trop abondante. Outre les grands Labours il faut souvent leur en donner de petits, des binages, des serfouissages, pour entretenir au moins leur surface meuble, prévenir ou remplir les fentes & les gersures auxquelles elles sont sujettes, & qui laissent passer le hâle jusqu'aux racines des plantes & des arbres.

3°. Les Labours doivent encore être faits relativement à la nature des plantes, dont les unes, telles que l'Artichaud, l'Oseille, & celles à grosses racines, demandent beaucoup plus d'humidité que les Asperges, les Pois, les Haricots, &c.

4°. La profondeur des Labours au pied des arbres, tant en espalier qu'en autre place, se regle par la profondeur à laquelle leurs racines s'étendent, afin de ne les pas offenser, de ne les pas mettre à l'air, de n'en pas ruiner le chevelu. Mais il est très-important de différer les Labours du printems jusqu'à ce que les arbres soient défleuris, & que leurs fruits soient noués, si d'autres occupations ont empêché de les faire quelque-tems avant la fleurison; car les terres ouvertes par les Labours, exhalant beaucoup plus de vapeurs que les terres dont la superficie est ferme & plombée, les fleurs humectées & attendries par ces vapeurs sont ruinées par la moindre des gelées blanches qui sont encore fréquentes dans cette saison. Si on laboure au pied des Cerisiers & des Pruniers, dont les racines courent presqu'à fleur de terre, & qu'il ne vienne pas de pluies, la terre se desséchant ne peut fournir la nourriture abondante qui est nécessaire à des fruits très-nombreux, & au développement des feuilles & des bourgeons de ces arbres.

II. *Engrais.* Lorsqu'un terrein est effrité par une

fuite de productions, les labours font infuffifans pour foutenir & perpétuer fa fertilité ; il faut que des Engrais lui rendent les fels dont il eft épuifé. Tout ce que la terre produit, & tout ce qu'elle nourrit, peut devenir Engrais. Tous les végétaux, les excrémens des animaux, les animaux eux-mêmes, tant aquatiques que terreftres, font pro-pres à entretenir ou à augmenter la fertilité de la terre, lorfque leurs parties diffoutes par la cor-ruption fe mêlent avec la terre, ou plutôt redevien-nent terre, reportant dans fon fein, & lui rendant les fels & les fucs dont elles avoient été formées ou nourries. Parmi les minéraux mêmes, le fel, la marne, la chaux, & toutes les matieres dont les fels peuvent fe détacher & fe fondre, fertilifent la terre.

Les Engrais les plus connus des Jardiniers, & les plus employés à l'amélioration des terres des Jardins, font les fumiers pourris & confommés. Mais quelle efpece de fumier convient à chaque efpece de terrein ? Quand & comment faut-il l'employer ? car non-feulement tous les fumiers fourniffent des fels aux terres ; mais il y en a qui de plus les échauffent, les dégourdiffent, leur donnent de l'action : or les unes ont plus befoin de fels, les autres moins ; les unes ont affez de fels, & ne manquent que de chaleur pour les rendre actifs.

1º. Le fumier de cheval, qui étant neuf contracte une chaleur égale a celle du feu , est propre à corriger les défauts des terres compactes, froides, & paresseuses ; & s'il n'est pas assez efficace, il faut lui substituer le crotin de mouton, ou lui en mêler un peu. La poudrette feroit encore plus d'effet.

2º. Le fumier de vache, qui a peu de chaleur, mais qui est gras & onctueux, convient aux terres légeres & chaudes, dont les parties trop tenues & dilatées ont besoin d'être liées & rapprochées pour conserver de la fraîcheur & de l'humidité.

3º. Enterrer les fumiers trop profondément , c'est les rendre inutiles ; c'est mettre de la nourriture hors la portée & l'étendue de la plupart des racines des plantes.

4º. L'hiver est le vrai tems de fumer les terres. On donne un labour profond ; on étend le fumier dessus, & on le laisse passer l'hiver dans cet état. Après l'hiver on fait un labour moins profond & on enterre le fumier. Etant ainsi étendu pendant l'hiver, il acheve de se consommer, & les pluies en détachant les sels, les mêlent, les répandant dans toutes les molécules de la terre. D'ailleurs beaucoup d'insectes déposent leurs œufs dans le fumier : le laissant exposé sur la terre pendant l'hiver, les gelées & les pluies en font périr la plupart, au lieu qu'ils se conserveroient en terre ;

& éclofant au printems, les vers qui en naîtroient feroient de grands dégâts.

5°. Les fumures fe renouvellent plus ou moins fouvent, fuivant que les terres font plus ou moins bonnes & fubftancieufes, & qu'elles donnent plus ou moins de récoltes. Un terrein qui ne produit qu'une fois par an n'a pas befoin d'être autant ni auffi fouvent fumé, que fi chaque année plufieurs efpeces de plantes s'y fuccédoient, ou qu'il n'eût jamais de repos, comme la plupart des Jardins des Maraichers.

6°. Il y a des légumes qui aiment le fumier ; d'autres qui le craignent & ne réuffiffent point dans les terres récemment fumées : nous l'obfer-verons en traitant de la culture de chaque plante.

7°. Les arbres préferent au fumier les terres neuves, les gazons bien pourris , la boue des rues vieille & confommée, dont l'effet eft beau-coup plus durable.

II. C O U C H E S.

Si tous les fumiers pourris & confommés font le reftaurant des terres ufées & épuifées, la chaleur des fumiers neufs de cheval & de mulet, excitée & dirigée par l'art du Jardinier, triomphe des ennemis de la végétation; fait germer des femences & croître des plantes dans une faifon où les rayons trop obliques du foleil, fouvent interceptés & dérobés par les nuages & les brouillards font impuiffans; nous enrichit dans les tems de la plus grande difette; & nous fait jouir pendant les rigueurs de l'hiver de fruits & de légumes que la nature n'accorde à notre climat que dans les faifons tempérées ou chaudes.

Le fumier neuf n'eft que de la paille, qui n'a fervi de litiere aux chevaux ou aux mulets que pendant une nuit ou au plus deux nuits. L'urine de ces animaux, dont elle a été mouillée, la rend capable de contracter une grande chaleur. On la retire feule & fans crotin, ou avec très-peu de crotin, & on l'emploie auffi-tôt à la conftruction des Couches; ou bien on en forme de grandes meules dans un lieu fec, qui n'étant pénétrées ni par les pluies ni par l'humidité de la terre, ne s'échauffent & ne fe confomment point; de forte qu'il fe conferve très-bien depuis l'été jufqu'au tems d'en faire ufage pendant l'hiver.

Les Couches doivent être établies dans un terrein fec & chaud; un peu élevé pour que l'eau des pluies, qui les morfondroit, ou les confommeroit trop tôt, ne puiffe y féjourner; bien expofé au foleil; défendu des vents par des murs ou des abris;

enclos & fermé, pour qu'il ne foit pas acceffible à tout le monde; accompagné de quelque batiment néceffaire pour mettre à couvert les cloches, les chaffis, les paillaffons, &c. peu éloigné d'eau de bonne qualité pour les arrofememens.

On fait des Couches depuis le commencement de Novembre, pour prolonger; jufqu'au commencement de Mai, pour avancer la jouiffance des fruits & des plantes qui s'accommodent de cette chaleur artificielle.

I. Pour faire une Couche, 1°. le Jardinier en ayant marqué l'emplacement & tracé les dimenfions en longueur & largeur, il y porte un rang de hottées de fumier (récemment tiré de l'ecurie, ou de fumier confervé, mêlé avec environ un tiers de fumier nouveau.) Il étend ce fumier avec la fourche, & en forme un premier lit qu'il marche de bout en bout, ou qu'il bat & affaiffe avec le dos de la fourche, afin de s'affurer qu'il eft par-tout également garni; en arrangeant le fumier, il le retrouffe de façon que les bouts de la paille fe trouvent en-dedans, & que le dehors de la Couche foit propre (quelques-uns tondent ces bouts avec le cifeau.) Il fait de la même façon un fecond, un troifieme, & autant de lits qu'il eft néceffaire pour donner à la Couche la hauteur convenable.

(Si le fumier eft fec, on donne à la Couche une

mouillure avec l'arrofoir à criblet; mais s'il a affez d'humidité pour exciter la fermentation & la chaleur, il ne faut pas la mouiller; car étant arrofée, elle s'échaufferoit plus promptement, mais elle fe confommeroit bientôt, & par conféquent fa chaleur dureroit moins long-tems.)

2°. Lorfque la Couche eft finie, il la couvre de deux ou trois pouces de terreau fin de vieilles Couches, ou de terre meuble, & la laiffe dans cet état jufqu'à ce qu'elle s'échauffe; ce qui arrive dans l'efpace de fix à douze jours, fuivant la qualité du fumier, celle du terrein fur lequel la Couche eft affife, & la température de l'air. En difant de ne la couvrir que de deux ou trois pouces de terreau ou de terre, je fuppofe qu'elle fera par la fuite garnie de terre, qui pourroit être brûlée par le grand feu des fumiers; car fi elle doit être garnie de terreau, on peut dès ce moment en jetter fur la Couche la quantité néceffaire pour la garnir; le terreau ne craint point la chaleur.

3°. L'affaiffement de la Couche (d'environ un tiers) indiquant que fa grande chaleur diminue, le Jardinier la fonde avec la main qu'il enfonce dedans; & lorfque la chaleur eft tombée à un degré qu'il peut fupporter, il fe hâte de dreffer la terre ou le terreau. Plaçant fur les côtés de la Couche à deux ou trois pouces du bord une planche large de huit à dix pouces qu'il foutient ferme ; il approche de la terre ou du terreau contre cette planche, & le preffe fortement pour le rendre folide. Cette opération faite tout au tour de la Couche, il garnit le milieu, le preffe, l'unit : enfin il place fon plant.

Si le plant doit être défendu avec un chaffis vitré, il faut en placer la caiffe fur la Couche, ou fur une médiocre épaiffeur de terre ou de terreau; & mettre le furplus en dedans de la caiffe à une hauteur convenable à celle du plant, preffant la terre ou le terreau contre la caiffe, de façon que l'air ne puiffe pénétrer.

Nota. 1°. Les dimenfions des Couches en hauteur & en largeur varient. Pendant les deux mois les plus rigoureux, depuis la mi-Décembre jufqu'à la mi-Février, les Couches doivent avoir trois pieds de hauteur de fumier, & le moins de largeur poffible, afin qu'elles aient plus de chaleur & que celle des rechaufs puiffe les pénétrer & les ranimer plus promptement. A mefure que la faifon s'adoucit, on les fait moins hautes, & on leur donne quatre pieds de largeur ; de forte qu'un pied de fumier fuffit à celles de la fin d'Avril, parce que le foleil ayant alors beaucoup de force, elles font moins néceffaires pour donner de la chaleur, que pour conferver pendant la nuit celle qu'elles ont reçue

du foleil pendant le jour ; ce qui augmente beaucoup le progrès des plantes.

Nota. 2°. Toute plante élevée dans le terreau
eft infipide , ou n'a qu'un goût défagréable de fumier. Ce *caput mortuum* de paille mouillée d'urine
peut-il contenir beaucoup de fels propres à donner
de la faveur aux plantes & à les nourrir? C'eft pourquoi je n'admets le terreau que fur les Couches
dont on ne fait d'autre ufage que d'y placer des
pots dans lefquels on éleve le jeune plant de Melons , de Concombres , & d'autres plantes, qui demande d'être tranfporté fucceffivement fur plufieurs Couches ; & fur ces Couches mêmes je ne le
préfere pas à la terre , parce que fes parties trop
meubles laiffent plus évaporer & diffiper la chaleur.
Mais toutes les autres doivent être garnies de terres,
dont les deux qualités effentielles font d'être fort
fubftancieufes & fort meubles. On les prépare long-
tems avant que d'en faire ufage ; on les engraiffe
avec du crotin de cheval ou de mouton , & on y
mêle une quantité fuffifante de terreau pour les
ameublir. En traitant de la culture de chaque plante,
nous indiquerons de quelle épaiffeur de terre il faut
charger les Couches deftinées à l'élever ; elle fe
regle fur la longueur des racines , la grandeur des
plantes & de leurs productions , & le tems qu'elles
doivent y paffer. Une Laitue n'a pas befoin d'autant

de terre qu'une Rave qui pousse une longue racine, ou un Melon qui pendant trois, quatre, cinq mois doit trouver la nourriture nécessaire à ses longues branches, ses grandes feuilles & ses gros fruits.

La chaleur d'une Couche se soutient rarement au-delà de dix ou douze jours depuis qu'elle s'est modérée au degré convenable pour y planter. Aussi-tôt qu'elle décline & qu'elle fait craindre pour les plantes, dont la ruine seroit une suite nécessaire de son impuissance pour leur végétation, il faut faire tout au tour un rechauf de deux pieds de largeur avec du fumier neuf manié, arrangé, battu ou foulé comme la Couche, & d'une hauteur qui excéde un peu celle de la Couche. Ce rechauf entretiendra la chaleur de la Couche pendant huit ou dix jours; après lesquels il faudra le remanier, c'est-à-dire, le défaire, remuer le fumier avec la fourche, & le rétablir aussi-tôt. Si le fumier paroît trop pourri pour reprendre de la chaleur, il faut lui substituer du fumier neuf, ou au moins en mêler une partie avec. La Couche n'ayant plus d'autre chaleur que celle qu'elle reçoit des rechaufs, on doit jusqu'à la belle saison être fort attentif à les renouveller aussi-tôt qu'on s'apperçoit qu'ils ne lui en communiquent plus assez. Lorsqu'on fait plusieurs Couches paralleles, on ne laisse qu'un pied de passage entr'elles. Les rechaufs, quoiqu'ils n'aient que cette épaiſſeur, feront plus d'effet ſur deux Couches que les deux pieds de fumier appliqué contre le pourtour extérieur.

A la fin de la campagne on détruit toutes les Couches; on en entaſſe les débris ſafin qu'ils achevent de ſe conſommer. Si le terreau qui en réſulte n'eſt pas propre à amender les terres, il eſt très-bon pour les ameublir, & très-utile pour couvrir les ſemences en pleine terre, qu'il préſerve du hâle & du deſſéchement, des petites gelées, du pillage de s oiſeaux.

II. Au lieu d'élever les Couches ſur la ſurface du terrein, on peut les enterrer, & alors on les nomme *Couches ſourdes* : elles conſervent mieux leur chaleur; mais elles réuſſiſſent mal dans les terres trop humides. Pour faire une Couche ſourde, il faut 1°. fouiller d'un pied de profondeur une tranchée de ſept pieds de largeur, ſur une longueur à volonté. Les terres tirées de la fouille, répandues au tour de la tranchée, plombées & affermies ſur les bords à une hauteur de ſix pouces à un pied, rendront la profondeur totale de la tranchée d'un pied & demi à deux pieds; & formant un talus en dehors, elles éloigneront de la couche l'eau des pluies. 2°. Dreſſer, comme il a été détaillé ci-devant, une Couche ſuivant la longueur de la tranchée, ayant quatre pieds de largeur, & quatre pieds au moins de hauteur, de forte qu'il reſte tout au tour dix-huit pouces de vuide pour les rechaufs. Lorſqu'elle en aura beſoin, on ne fera le premier que d'un pied ou quinze pouces de hauteur; pour le ſecond, on chargera le premier d'une pareille hauteur de fumier; pour le troiſieme, on chargera les deux autres de fumier juſqu'au niveau ou un peu au-deſſus de la ſurface de la Couche; & ſi elle a beſoin de plus de rechaufs, on remaniera les premiers, ou on en fera un nouveau. Si ces Couches exigent plus de fumier que les autres, il en entre moins dans les rechaufs.

III. Si avec du fumier demi-conſommé vous faites une Couche de deux pieds & demi de hauteur dans une tranchée, qui ait cette profondeur ſur cinq pieds de largeur, de ſorte qu'autour de la Couche il y ait demi-pied de vuide; & que vous rempliſſiez de tan cet eſpace, la Couche conſervera long-tems ſa chaleur, & n'aura pas beſoin de rechaufs, parce que le tan abſorbant l'humidité ſuperflue du fumier, & étant plus compact, il en retarde la pourriture & en prolonge beaucoup la chaleur.

Par la même raiſon on fait de fort bonnes Couches, qui conſervent long-tems leur chaleur, avec des feuilles d'arbres (ou mieux de la bruyere
ſéche

féche & hachée) , mêlées avec du fumier neuf, faifant alternativement un lit de feuilles ou de bruyere , & un lit de fumier. Ces Couches s'échauffent un peu plus tard , mais elles jettent un feu beaucoup plus grand que celles qui ne font faites que de fumier.

La culture des plantes fur Couches exige du Jardinier beaucoup d'activité , de vigilance & d'expérience. Un inftant peut lui faire perdre le fruit de fes dépenfes & de plufieurs mois de travail. Les principaux foins néceffaires à ces plantes font; 1°. de leur procurer une chaleur tempérée , mais égale & foutenue : l'excès , comme le défaut de chaleur les fait fondre & périr. 2°. Les préferver du froid , en tenant les chaffis fermés , & même couverts de paillaffons pendant les nuits & les tems rudes , & les cloches bornées, c'eft-à-dire , garnies de paille tout autour , & couvertes de litiere ou de paillaffons. 3°. Leur donner de l'air toutes les fois qu'il n'eft pas trop froid , afin qu'elles fe fortifient par la tranfpiration , & qu'un féjour trop continu dans une atmofphere humide & étroite ne les faffe pas tomber dans la langueur , l'étiolement & la pourriture. 4°. De jetter à propos fur les cloches & fur les vitrages un peu de paille ou un canevas , pour rompre les rayons du foleil & parer fes coups, qui quelquefois font à craindre dès le mois de Février, lorfque l'air eft doux & le ciel pur.

III. Semis.

POUR femer avec fuccès, il faut, outre la préparation du terrein, que les graines foient parfaitement mûres, qu'elles foient femées clair pour que le plant ne s'éfile & ne s'étiole pas, qu'elles foient enterrées à une profondeur convenable. Les deux premiers points n'ont pas befoin d'être expliqués.

Il eft d'expérience que des mêmes graines enterrées à diverfes profondeurs, les unes ne germent pas ; d'autres germent, mais la plantule périt fans pouvoir fortir de terre ; d'autres germent, & la plume fort de terre, mais le plant fe fortifie lentement & difficilement ; d'autres enfin germent promptement, & donnent du plant vigoureux : ce font les moins enterrées. Il eft donc certain que la promptitude de la germination des graines, & le progrès du jeune plant qui en provient font en proportion inverfe de la profondeur à laquelle on les a femées.

Ainfi les plus groffes femences, comme Feves de marais, Châtaignes, Amandes, &c. ne doivent pas être couvertes de plus de deux pouces de

terre (un pouce ou un pouce & demi est suffisant) ; d'abord, parce que la plume étant obligée
d'acquérir la force & la longueur nécessaire pour
percer une plus grande épaisseur de terre , sa sortie seroit beaucoup retardée ; en second lieu parce
que le plant dont le tronc seroit trop enterré de-
meureroit foible.

Les autres graines s'enterrent à une profondeur
proportionnée à leur grosseur. Ne les couvrant
point trop , on emploie moins de graine, parce
qu'elle leve toute , & que le plant est plus vigoureux, sauf à rechauffer celui qui en a besoin ,
comme il sera marqué à l'article de chaque plante.

Mais si on les enterre très-peu , elles sont expo-
sées à manquer de l'humidité nécessaire à leur germination. En les couvrant de terreau (ou même
de sable fin dans les terreins forts & sujets à être
criblés par les vers, on préserve la terre du dessé-
chement, la plantule naissante est défendue des
rayons meurtriers du soleil, elle jouit de l'air, &
s'ouvre aisément un passage au travers de ces matieres meubles & légeres.

Lorsque j'ai dit que les graines doivent être semées à une profondeur proportionnée à leur grosseur , j'ai cru inutile d'ajouter, & à la qualité du
terrein, parce que personne n'ignore que dans
une terre séche & légere il faut les enterrer davan-

tage que dans une terre humide & compacte.

Si l'on feme fur couches, il faut que les couches foient chargées de terre. Dans le terreau pur, le plant fait des racines trop foibles pour pouvoir fe foutenir enfuite en pleine terre.

Pour les graines fort menues, & fur-tout celles qui font dures & lentes à germer, comme d'Héliotrope du Pérou, de Fraifiers, &c. il faut dreffer, unir & ameublir la terre (en pots ou autrement fuivant l'étendue du Semis). Lui donner une mouillure très-abondante; y répandre auffitôt les graines; tamifer par-deffus un peu de pouffiere ou de terreau fin, qui à peine couvre & cache les graines; jetter fur le tout un paillaffon, de la paille, ou mieux de la mouffe (une épaiffeur de deux ou trois doigts; au travers de cette couverture, & fans la retirer, donner de petits arrofemens, affez fréquens pour entretenir l'humidité. Lorfque le plant commence à paroître, on retire les couvertures, mais on l'abrite contre le foleil, & on le mouille fouvent jufqu'à ce que toute la graine foit levée. Cette pratique eft très - bonne pour toutes les graines fines. Il y en a même, telles que celles de Saule, de Bouleau, d'Aune, de Peuplier, fur lefquelles il ne faut point tamifer de pouffiere; elles veuillent demeurer nues fur la terre.

DESCRIPTION ET CULTURE

DES LÉGUMES

ET PLANTES POTAGERES.

I. ABSYNTHE.

La grande Abfynthe, *Abfynthium commune Matthioli*, eft une plante très-vivace qui, quoiqu'originaire de climats plus tempérés, fubfifte dans le nôtre en pleine terre quinze ou dix-huit ans malgré les hivers les plus rudes. Ses tiges ligneufes, cannelées, rameufes, couvertes d'une écorce d'un vert pâle prefque blanc, s'élevent à un pied & demi ou deux pieds. Ses feuilles du même vert que les tiges, longues d'un pouce, larges d'autant, d'une étoffe molle, attachées dans une ordre alterne fur les tiges, par des queues longues de huit ou dix lignes, font découpées très-profondément, ou plutôt aîlées à deux rangs ordinairement alternes, & terminées par une impaire ; les aîles & l'impaire font découpées profondément en trois ou quatre pieces longuettes & obtufes. Les tiges & leurs rameaux fe terminent

B iij

par des panicules, ou épis de petites têtes, calices,
ou plutôt réceptacles globuleux, garnis d'écailles
rondes imbriquées, qui portent un fort grand
nombre d'embryons de graines nues, petites, folitaires, dont chacun foutient un très-petit fleuron
d'un jaune prefque vert, tubulé. Les fleurons du
centre font hermaphrodites, découpés en cinq
dents, & portent cinq étamines & un ftigmate ;
ceux de la circonférence font femelles & entiers.
Chaque petit grouppe de têtes écailleufes fort de
l'aiffelle d'une petite feuille longuette, fimple,
entiere, ou découpée en deux ou trois pieces.

 2. PETITE Abfynte , *Abfynthium Ponticum
Matthioli.*Toutes les parties de la plante font beaucoup moindres que celles de la grande Abfynthe.
Ses tiges font cylindriques & quelques-unes légérement lavées de rouge. Les autres variétés
d'Abfynthe appartiennent à la Botanique.

Culture. L'Abfynthe fe multiplie de pieds éclatés plus promptement & plus facilement que de
femences. Elle s'accommode de tout terrein & de
toute expofition.

II. A I L.

1. L'A I L commun, *Allium fativum*, PIN., eft
une plante bulbeufe, vivace par les tubercules,

La bulbe est composée de six à quinze tubercules, couverts chacun d'une pellicule très-mince, & réunis sous plusieurs membranes blanches, assez solides quoique fort peu épaisses, qui sont l'extrémité dilatée des graines des feuilles. Tous ces tubercules ne sont adhérens que par leur base, qui donne naissance à des racines chevelues. Les feuilles peu nombreuses sont alternes, longues, étroites, unies par les bords, sans nervures apparentes. Du milieu de ces feuilles une tige s'éleve à deux ou deux pieds & demi, un peu creuse, cylindrique, très-lisse, couverte jusques vers le tiers de sa longueur par les gaines des feuilles, terminée par un gros sommet de forme presque conique, surmonté d'une longue pointe, & vêtu d'une membrane, qui s'ouvrant laisse paroître un ombelle de fleurs composées de six pétales disposés en lys, de six étamines, & d'un pistil dont l'embryon devient une capsule séche, d'environ deux lignes de diametre, divisée en trois loges remplies de petites graines noires, presque rondes.

2. L'AIL d'Espagne, la Rocambole, *Allium scorodoprasum*, LIN., differe peu de l'Ail commun par la forme, la grandeur & la disposition de ses parties. Ses plus gros tubercules étant mis en terre produisent cinq ou six feuilles, du milieu

defquelles fort la tige, qui, vers fon extrémité fe roule ou fait une ou deux révolutions en fpirale, & fe termine par un fommet qui porte un grouppe de petits tubercules de la groffeur d'un pois, entre lefquels il paroît quelques fleurs femblables à celles de l'Ail commun qui ne font point fuivies de graines. Ces petits tubercules, qu'on nomme rocamboles, en tiennent lieu.

Culture. Au printems on peut femer (en toute efpece de terre) la graine de l'Ail commun, & planter les petites rocamboles de l'Ail d'Efpagne. Chaque graine & chaque rocambole produit un petit oignon rond, qui étant arraché lorfque fes fannes commencent à jaunir (en Juillet), confervé féchement, & replanté au printems fuivant, forme dans cette feconde année une bulbe. Mais il eft plus expéditif d'éclater les tubercules de quelques bulbes, de les planter en Mars en bordures ou en planches à quatre pouces de diftance, & un ou deux pouces de profondeur. Chaque tubercule fait une bulbe. Après que l'on a fait la récolte des bulbes d'Ail, il faut les laiffer douze ou quinze jours expofées au foleil ou au grand air; enfuite les lier par bottes & les fufpendre en lieu fec.

III. A N I S.

CETTE plante bifannuelle, *Anifum Clufii*, éleve à trois ou quatre pieds une tige creufe, cannelée, garnie de feuilles & d'un grand nombre de petits rameaux dans un ordre alterne. Les feuilles font compofées de trois ou cinq folioles dentelées, beaucoup plus grandes & plus arrondies dans le bas de la tige que vers le haut où elles font plus grêles, plus alongées & découpées. Chaque rameau eft terminé par une ombelle fans enveloppe de petites fleurs très-nombreufes, difpofées en parafol. Elles font compofées de cinq pétales blancs, échancrés, difpofés en rofe; de deux ftyles, & de cinq étamines; le tout attaché à un calice qui devient une double graine nue, menue, ovoïde, cannelée, d'un gris tirant fur le vert, parfumée, d'un goût mêlé de doux & d'amer.

Culture. Il faut femer au printems la graine d'Anis en planches, ou mieux en bordures dans une terre légere, bien labourée, entretenue humide jufqu'à ce que la graine foit levée; éclaircir le plant lorfqu'il eft fort, le farcler, l'arrofer dans les féchereffes. Au mois d'Août la graine étant mûre, on coupe les tiges rez-terre, on les expofe quelques jours au foleil, on bat la graine, que l'on

conferve en lieu fec. Les pieds repouffent au printems fuivant, & donnent une feconde récolte.

I V. ARROCHE.

L'ARROCHE, Belle-Dame, Follette, *Atriplex hortenfis*, LIN., eft une plante annuelle, dont les feuilles font grandes, ayant prefqu'autant de largeur du côté de la queue qu'elles ont de hauteur (fix ou fept pouces), liffes, groffiérement & irréguliérement dentelées, d'une étoffe mince & très-foible, d'un vert prefque jaune, portées par des queues cylindriques longues d'un ou deux pouces. Elle pouffe une feule tige haute de quatre à fix pieds, cannelée, & comme anguleufe vers fon extrémité, plus arrondie dans le bas, ramifiée en un grand nombre de branches alternes, dont chacune fe termine par des fleurs fans péta-les, les unes hermaphrodites, compofées d'un calice à cinq divifions, de cinq étamines, & d'un ftyle fendu en deux ; les autres femelles compofées d'un ftyle femblable, & d'un calice à deux divifions. L'embryon qui porte le ftyle des unes & des autres, devient une graine de la forme d'une petite lentille, couverte d'une enveloppe membraneufe & feuillée. Les graines étant peu tenaces, à la chûte des premieres, il faut couper la tige , & l'expofer pendant quelques jours au foleil qui acheve de mûrir les autres.

Culture. En Mars on feme clair la graine d'Arroche : elle leve en peu de tems , & réuffit en tout terrein cultivé. Aux premieres chaleurs elle monte en graine , ainfi elle n'eft pas d'un long ufage.

V. ARTICHAUD.

1. L'ARTICHAUD vert, *Cinara hortenfis viridis* , eft, comme toutes fes variétés , une plante trifannuelle ou quadrifanuelle pour le produit , autrement elle feroit vivace dont les feuilles partant toutes du tronc font fort grandes , longues d'environ trois pieds , larges de feize à dix-huit pouces. Une groffe nervure qui s'étend d'une extrémité à l'autre eft à fa naiffance applatie , large d'un à deux pouces , épaiffe d'environ demipouce , creufée d'un large fillon , en dehors relevée de groffes cannelures , aîlée ou garnie fur les côtés de dix-huit à vingt-quatre appendices dans un ordre oppofé , qui font plus grands en s'éloignant de la naiffance de la nervure , & dont la plupart devient des folioles longues de fix à dix pouces ; fort étroites , divifées fuivant leur longueur par une nervure , & découpées ou plutôt dentelées très-profondément par les bords.

Du cœur de la plante une groffe tige cannelée

s'éleve à deux ou trois pieds, & produit vers son extrémité deux ou trois petites branches. Cette tige & ces branches se terminent chacune par une tête écailleuse improprement nommée *fruit*. C'est un réceptacle ou calice, dont le fond , qu'on nomme cul , est plat , épais de quatre à six lignes, large de trois à cinq pouces ; le dessous & toute la circonférence sont garnis de cent vingt à cent cinquante écailles (mal nommées feuilles) , dont environ cinquante extérieures sont épaisses & charnues à leur base, vertes , terminées en pointe très-aiguë à-peu-près une fois plus longues que larges ; les autres placées sur les bords intérieurs sont longuettes , fort étroites & minces , blanches vers leur onglet , fortement teinte de violet clair à l'autre extrémité. Quelquefois les écailles de cet Artichaud sont raccourcies , & s'arrondissent à leur extrémité ; alors leur onglet est plus charnu & plus délicat. De sorte que plusieurs Cultivateurs croient que c'est une variété différente par la forme de la tête , & supérieure par les qualités.

Toute la surface intérieure du fond du calice est couverte d'embryons de graines oblongues, d'un gris mêlé de vert & garnies d'aigrettes. Chaque embryon porte à son extrémité un faisceau de grands poils ou filets blancs , du milieu desquels s'éleve un fleuron tubulé, que la pression des écailles oblige de s'alonger confidérablement; fon extrémité s'élargit & fe découpe en cinq dents ou divifions ; il en fort de deux à cinq étamines terminées par des fommets longs & violets, & un ftyle beaucoup plus alongé, furmonté d'un trèslong ftigmate violet. Quelques-uns de ces fleurons n'ont point d'étamines, & par conféquent font femelles.

Les écailles du calice fe recouvrent d'abord l'une l'autre ; mais à mefure qu'il groffit, elles s'écartent, fe renverfent en dehors & laiffent paroître les fleurons. Pour recueillir de la graine d'Artichaud, il faut choifir quelques-unes des plus belles têtes, les affujétir avec un échalas dans une pofition auffi inclinée que les tiges le permettent, & même les couvrir avec une ardoife ou une écorce, pour empêcher la pluie d'y entrer & de pourrir les graines.

2. L'ARTICHAUD blanc, *Cinara hortenfis albida*, diftingué du précédent par fa tête qui eft fort petite, & dont les écailles d'un vert très-pâle prefque blanc font armées de pointes piquantes, n'ayant d'autre mérite que la précocité, & étant fort difficile fur le terrein & la culture, il eft rare dans les Potagers.

3. ARTICHAUD rouge, *Cinara hortenfis rubra.* Les têtes de cette variété font fort petites, mais excellentes mangées crues lorfqu'elles n'ont pas

encore acquis les deux tiers de leur groffeur. Les écailles extérieures font teintes de rouge pourpre ; les intérieures font jaunes.

4. LA tête de l'Artichaud violet, *Cinara horten-fis violacea*, beaucoup plus groffe que celle des deux précédents, eft moindre & d'une forme plus alongée que celle de l'Artichaud vert, & d'égale bonté. Les écailles font lavées de violet à leur extrémité, & armées d'une petite épine. Les autres variétés d'Artichaud font inférieures, ou ne s'accommodent ni de nos terreins ni de notre climat.

Culture. Dans une terre labourée profondément & bien préparée, on marque à trois pieds de diftance en tout fens les places où l'on doit femer les graines. Au mois de Mars on feme en chaque placé quatre ou cinq graines à deux ou trois pouces d'intervalle l'une de l'autre, & à un pouce de profondeur. On mouille, on farcle, on bine le jeuné plant jufqu'à la fin de Mai. Alors on leve tout le plant fuperflu pour le repiquer ailleurs comme les œilletons de vieux plant, dont il va être parlé ; & on ne laiffe en chaque place qu'un feul pied, qui étant cultivé avec foin, & fur-tout mouillé fréquemment pendant l'été, donnera du fruit à l'automne. Dans les plants d'Artichauds, foit de graines, foit d'œilletons, on peut femer des Épinards, desLaitues, ou d'autres légumes baffes qui puiffent fe recueillir avant que l'Artichaud couvre le terrein.

Quoique la propagation de l'Artichaud par les
femences foit bonne, & peut-être préférable, cependant elle n'eft ufitée que lorfque l'iver a fait
périr les anciens plants. Il eft plus ordinaire de le
multiplier par les œilletons ou drageons détachés
des vieux pieds. Il faut dès avant l'hiver préparer
le terrein par un labour très-profond, ou mieux par
un défoncement de dix-huit à vingt-quatre pouces, & par des engrais, s'ils font néceffaires. A la
fin de Mars ou au commencement d'Avril, donner
un fecond labour & dreffer le terrein. A trois pieds,
ou au moins à deux pieds & demi d'intervalle en
tout fens, creufer de petites foffes difpofées en
échiquier, larges d'environ un pied, & profondes
de trois ou quatre pouces ; les remplir de terreau
ou de fumier très-confommé. Dans chaque foffe
planter deux œilletons à cinq ou fix pouces l'un de
l'autre, dont on fupprimera un auffi-tôt que le
fuccès de l'autre fera affuré. Mettre un peu de fumier autour pour entretenir la terre fraîche&meu-
ble. Donner fur le champ une ample mouillure,
& la répéter tous les deux ou trois jours, jufqu'à
ce que le plant foit bien repris. Si l'on veut qu'il
donne du fruit l'autome fuivant, on doit l'arrofer
fréquemment pendant l'été ; finon, on peut s'en
difpenfer hors les tems de grande féchereffe.

Nota. 1°. L'habillement des œilletons doit précéder leur plantation. On choisit donc les plus beaux & les plus sains ; on coupe à trois ou quatre pouces de leur naissance toutes les grosses feuilles extérieures & on ne conserve que les jeunes ; on retranche aussi la partie ligneuse du talon , par laquelle l'œilleton étoit attaché à la souche , & on ne lui laisse que la partie tendre , la plus propre à produire des racines. 2°. Il ne faut enterrer que le talon des œilletons ; s'ils sont plantés trop bas , le cœur pourrit. 3°. Si la plantation se fait par un tems sec & chaud , il est nécessaire de couvrir ou abriter les œilletons pendant dix ou douze jours. Une poignée de paille , de fougere , de bruyere , jettée sur quelque baguettes , ou un pot renversé sur chaque œilleton & élevé sur une fourchette du côté du Nord , suffit pour le garantir.

La racine & le cœur, ou les jeunes feuilles de l'Artichaud craignent le froid : si l'un ou l'autre est saisi de la gelée , la plante périt ; c'est pourquoi dès le commencement de Novembre il faut amasser à portée du plant les matieres destinées à le couvrir. Vers le quinze retrancher de chaque pied toutes les feuilles séches ou pourries & couper les autres à sept ou huit pouces. Aux premieres gelées fortes , qui arrivent ordinairement ves la fin de ce mois , butter de six ou sept pouces chaque pied avec de la terre qu'il faut prendre, non autour du pied , suivant

vant la mauvaife pratique ordinaire, mais entre les rangs, pour y former une petite tranchée propre à recevoir les pluies & à les éloigner du pied de l'Artichaud. (Dans les terreins très-humides il vaut mieux butter avec le fumier court des vieilles couches, des feuilles d'arbres, ou d'autres matieres qui puiffent fe ferrer & fe preffer de façon qu'elles ne laiffent paffer ni le froid ni la pluie). Enfin lorfque les gelées deviennent très-fortes, couvrir ces buttes & les feuilles d'Artichaud qui les furpaffent avec de la paille brûlée (c'eft de la litiere féche.)

Ces buttes & ces couvertures préfervent les racines & les feuilles extérieures; mais fi les pluies ou les neiges pénétrent le cœur, & que la gelée les convertiffe en glaçon, la plante eft perdue. C'eft pourquoi il eft néceffaire de le couvrir avec une tuile, fuivant le confeil d'un Auteur célebre, ou mieux avec un pot renverfé, qu'on éleve fur une fourchette du côté du Midi dans les tems doux, pour donner à la plante la jouiffance de l'air. Une poignée de litiere ou de feuilles retenue avec une pierre plate ou un peu de terre peut fuffire.

L'Artichaud enfeveli dans toutes ces couvertures pourroit pourrir dans les hivers humides, fi l'on n'avoit attention de le découvrir du côté du Midi pendant les tems doux.

Vers le commencement d'Avril ou dès la mi-

Mars, s'il n'y a pas lieu de craindre des retours de froid rigoureux, on découvre la plante par parties & fucceffivement; d'abord le cœur; quelques jours après on retire les couvertures, & huit ou dix jours après on détruit les buttes, & on laiffe les Artichauds reverdir jufque vers la mi-Avril ou un peu plus tard.

Alors il faut déchauffer chaque pied jufqu'au-deffous de la naiffance des œilletons; choifir les deux ou trois plus beaux de ceux qui fortent du bas de la fouche; éclater ou couper tous les autres à l'endroit de leur infertion, fans laiffer aucun refte de leur talon, qui pourroit auffi-tôt en produire de nouveaux. (Ces œilletons retranchés fervent à faire de nouveaux plants.) Couper auffi le pied des vieilles tiges; unir & nettoyer toute la fouche; la regarnir de la terre la plus meuble, appliquée contre & preffée avec la main; former autour un petit baffin; donner une mouillure abondante; labourer le terrein; arrofer fouvent, à moins que la faifon ne foit pluvieufe. Environ un mois après les tiges s'élevent & forment leur tête. Les uns retranchent tous les rameaux des tiges, afin que chacune ne portant qu'une feule tête, elle foit plus groffe; d'autres n'en retranchent aucun, & ils ont raifon dans les fonds humides.

Après que le fruit eft cueilli, il faut rompre ou

couper rez-terre ou même en terre les tiges. Si le plant eſt encore en bon état, lorſque les œilletons qu'il pouſſe après la récolte ſont un peu fortifiés, on découvre de nouveau la ſouche ; on ſupprime tous les œilletons, excepté un ou deux des plus forts & des mieux placés, on regarnit le pied de nouvelle terre, & en mouillant fréquemment & abondamment pendant l'été, on ſe procure une ſeconde récolte pendant l'automne. Mais ſi le plant doit être détruit, on peut ne donner ces ſoins qu'aux pieds qui ont produit les premiers & qui montrent encore de la vigueur ; différer d'œilletonner les plus tardifs, ne laiſſer qu'un œilleton à chaque pied ; le mouiller peu & rarement pendant l'été, afin qu'il ne donne pas de fruit ; lorſqu'en Septembre ou Octobre il a acquis la force convenable, le butter, le lier, l'empailler, &c. comme le Cardon, il fournira des Cardes que pluſieurs préferent à celles d'Eſpagne & de Tours.

Pour préſerver l'Artichaud des dégâts que ſouvent les mulots en font pendant l'hiver, il eſt bon de planter entre les Artichauds de la poirée, dont les racines tendres ſont préférées par ces animaux.

V I. A S P E R G E.

1. L'ASPERGE commune, *Asparagus hortensis*, est une plante plus ou moins vivace suivant le terrein & la culture. Du tronc il sort un empatement de racines nombreuses & cylindriques, qui fait nommer *patte* le pied d'Asperge; & au printems il en pousse des tiges, qu'on nomme *Asperges*, lisses, vertes ou violettes, dont l'extrémité un peu pointue est garnie d'écailles ou graines très-minces & très-petites, qui couvrent chacune un œil ou bouton. Trois ou quatre jours après qu'une tige a paru hors de terre, cette extrémité s'élargit, se développe, fait un progrès assez rapide, & s'éleve peu-à-peu jusqu'à quatre ou cinq pieds, cylindrique & unie dans le bas où les yeux demeurent fermés sous leurs graines, cannelée dans le reste, & portant de vingt à quarante petites branches qui se divisent en un grand nombre de petits rameaux garnis de feuilles capillacées, longues d'environ six lignes, & ordinairement rassemblées par petites touffes de deux à cinq sur un même nœud.

En même tems que les premiers de ces petits rameaux se développent sur les branches, il sort à leur insertion une ou deux fleurs portées par des pédicules fort déliés ; il en fort auffi à l'infertion des branches fupérieures. Elles s'épanouiffent peu, font petites, compofées d'un calice à fix échancrures ; de fix pétales longuets, difpofés en rofe, blancs par les bords, verts fur le milieu ; de fix étamines, dont les filets très-déliés font attachés à l'onglet des pétales ; & d'un piftil dont l'embryon devient une baie prefque ronde, couverte d'une peau dure, coriacée, liffe, d'un beau rouge brillant, & contenant une pulpe molle & deux ou trois femences noires, applaties & même concaves à leur centre.

2. LA GROSSE ASPERGE, *Afparagus hortenfis major*, ne differe de la commune que par fon volume qui eft double, triple, quadruple, fuivant le terrein. Chacun lui donne le nom du pays d'où il en a tiré le plant ou la graine. Afperge de Hollande, de Strasbourg, de Befançon, de Pologne, de Vendôme, &c. Les autres variétés d'Afperges n'intéreffent pas les Jardiniers.

Culture. En général l'Afperge aime une terre de bonne qualité ou amendée par des engrais convenables ; craint l'humidité ; & veut à-peu-près les mêmes façons que la Vigne.

I. La groffe Afperge. Dans un terrein léger, fablonneux, qui ne retient point l'eau, je trace des planches de longueur à volonté, larges de quatre

ou quatre pieds & demi pour mettre trois rangs
de pattes (de trois pieds pour n'en mettre que deux
rangs ;) & je laiſſe entre chaque planche un intervalle de ſix pieds qui donnera deux ſentiers & une
planche de légumes baſſes, ou de trois à quatre
pieds qui ne ſervira qu'à contenir les terres de la
fouille. Je creuſe ces planches, qu'on nomme
foſſes, de deux ou deux pieds & demi, & je jette
les terres ſur les intervalles, qu'on nomme *ados*.
(Dans un terrein humide, je ne fouille les foſſes
que d'un pied de profondeur.) Je couvre le fond
des foſſes d'une épaiſſeur d'un pied de fumier convenable à la qualité du terrein, ou de bruyere, de
feuilles d'arbres, de vieux tan, de gazons, de
boues des rues & des chemins, de décombres de
bâtiments, de bourrées, de faſcines, &c. Toutes
ces matieres ſont bonnes, pourvu qu'elles ſoient
conſommées ou qu'elles n'aient point de chaleur.
Je jette par-deſſus ſix pouces des terres ſorties de
la fouille (ſi elles ſont fortes & compactes, je les
mêle avec moitié de terreau pour les ameublir;) je
les dreſſe & les unis au rateau. Je marque en échiquier, à deux pieds de diſtance en tous ſens, les
places de chaque pied d'Aſperges. A la mi-Février
je fais dans chaque place une petite foſſe large de
quatre ou cinq pouces, & profonde de trois pouces.
J'y ſeme trois ou quatre graines d'Aſperge à un

pouce de diftance l'une de l'autre, & je les couvre de demi-pouce de terre ou d'un pouce de terreau. Lorfque le plant s'eft un peu alongé, je ne laiffe dans chaque petite foffe que le plus beau pied, j'arrache les autres, & je remplis ces petites foffes ; de forte que les racines font à trois pouces de profondeur.

Ceux qui aiment mieux planter des pattes d'un ou au plus de deux ans élevées en pépiniere, ne recouvrent les engrais, dont les foffes font garnies, que de quatre ou cinq pouces de terre. Ils étendent deffus les jeunes pattes dans l'ordre & aux diftances que je viens de marquer ; jettent deffus une poignée de terre pour les fixer en place ; & enfin les couvrent de trois pouces de terre. Cette plantation ne fe fait qu'à la fin de Mars ou au commencement d'Avril. C'eft la pratique la plus commune, mais la moins avantageufe ; car elle n'avance point du tout la jouiffance. Les Afperges élevées de plant formé, ou de graines femées en place, ne fe coupent également que la troifieme année. D'ailleurs la tranfplantation altere la vigueur de toute forte de plantes.

Jufqu'à l'automne les jeunes Afperges, foit de plant, foit de graine, n'ont befoin que d'être binées, farclées & arrofées dans les féchereffes. Au commencement de Novembre il faudra couper toutes les tiges, & charger les foſſes de trois pouces de terre qu'on prendra ſur les dos. Au mois de Mars ſuivant donner un labour, & pendant l'été biner & ſarcler. Au mois de Novembre faire un petit labour après avoir coupé les tiges, & couvrir les foſſes de trois ou quatre pouces de fumier. Au mois de Mars ſuivant recharger encore les foſſes de trois pouces de terre, ſous laquelle le fumier ſe trouvera enterré; de ſorte que par cette derniere charge les pattes ſeront couvertes de neuf pouces de terre. Les Aſperges feront leur troiſieme pouce. On pourra couper quelques-unes des plus belles; mais on ne ſera en pleine récolte que l'année ſuivante.

Dorénavant toute leur culture conſiſtera chaque année à couper les tiges en Novembre; retirer trois ou quatre pouces de terre qu'on jette ſur les ados, afin que les pattes ne ſoient couvertes pendant l'hiver, que de cinq ou ſix pouces; faire un petit labour; fumer tous les trois ans; au mois de Mars rejetter ſur les foſſes la terre qui en avoit été retirée à l'automne; donner un labour; après la récolte biner & ſarcler.

II. Pour faire un plant d'Aſperges communes, en tout terrein, il ſuffit de creuſer les foſſes d'un pied(il vaut mieux ne les point du tout creuſer dans les terres très-humides, & apporter d'ailleurs les neuf pouces de terres néceſſaires pour couvrir le plant;) répandre ſur la ſurface quatre ou cinq pouces de fumier très-conſommé; l'enterrer par un bon labour; ſemer ou planter ſur ce labour. Le reſte des façons & de la culture eſt le même; mais on ne commence à récolter que la quatrieme année.

III. Les Amateurs d'Aſperges peuvent s'en procurer pendant l'hiver par les deux pratiques ſuivantes.

1°. En tout terrein, ſec ou humide, plantez à un pied ou dix-huit pouces en tout ſens, & cultivez pendant quatre ou cinq ans, comme en terre forte, c'eſt-à-dire, ſans creuſer les foſſes, des Aſperges en planches de deux pieds & demi ou trois pieds de large au plus, ſéparées par des ſentiers de deux pieds. En Novembre ou Décembre, ſuivant l'empreſſement de jouir de cette rareté, creuſez les ſentiers à deux pieds de profondeur, & jettez les terres ſur les planches. Rempliſſez ces tranchées de fumier neuf de cheval bien foulé & marché; & en même temps couvrez les planches de quatre ou cinq pouces de litiere ſéche, & jettez par-deſſus quelques paillaſſons pour qu'elle ne ſoit pas mouillée par la pluie ou par les neiges, car il faudroit la rejetter & en ſubſtituer d'autre. Quinze ou vingt jours après, lorſque la pointe des Aſperges commence à paroître, remaniez les couches avec

du fumier neuf; & continuez à les remanier tous
les quinze jours pendant la récolte, ajoutant aussi
plus ou moins aux couvertures suivant le degré
du froid. Mais tous les jours levez ces couvertures, si le tems le permet. Coupez les Asperges
tous les deux jours. Après la récolte détruisez les
couches, rejettez la terre dans les sentiers, & laif-
sez le plant se repofer pendant deux ans fans y
couper aucune Afperge. Mais rarement la litiere
eft fuffifante contre la rigueur de nos hivers. Il
eft plus sûr de mettre une cloche fur chaque pied
d'Afperge, & d'ajouter par-deffus la litiere & les
paillaffons, comme nous avons dit. Si on cou-
vroit les planches avec des chaffis vitrés, & des
paillaffons dans les grands froids, les Afperges
verdiroient & feroient moins mauvaifes.

2°. Planter ou femer à fix ou fept pouces en
tout fens, & cultiver, comme il vient d'être dit,
pendant trois ans, ou davantage, des Afperges,
fans en recueillir aucune. L'ufage d'employer de
vieux plant que l'on détruit, eft mauvais; il ne
produit que fort peu d'Afperges & très-petites.
Pendant l'hiver faire de bonnes couches larges de
quatre pieds; les charger de fix pouces de bonne
terre meuble. Lorfque leur feu eft paffé, y planter les pattes levées nouvellement & foigneufement avec la fourche, à fix pouces de diftance

en tout fens; les couvrir de deux pouces de
terre , & jetter par-deſſus un peu de fumier neuf
& chaud. Quatre ou cinq jours après retirer ce fumier, & lui ſubſtituer trois autres pouces de terre.
Placer les chaſſis vitrés, qu'il faut couvrir de
paillaſſons & de litiere pendant les nuits & les
tems rudes. Environ quinze jours après les Aſperges commencent à ſe montrer. Depuis ce moment il faut ouvrir les chaſſis autant que le tems
le permet, pour procurer un peu de verdeure &
de ſaveur aux Aſperges; & ſoutenir la chaleur des
couches par des rechauſs. La récolte d'une couche durant environ un mois, il faut en faire de
nouvelles à-peu-près de trois en trois ſemaines,
afin que la récolte de l'une ſuccede à celle de
l'autre.

Les Aſperges nées ſous ces couvertures ſont
ordinairement toutes blanches. On peut placer
dans un bâtiment, à couvert de la gelée, près des
fenêtres les mieux expoſées au ſoleil , un baquet
ou autre vaiſſeau, dans lequel on met du ſable
de riviere & de l'eau, juſqu'à ce qu'elle ſurpaſſe
le ſable de deux pouces; lier les Aſperges par
botte, & les mettre, par le gros bout, ſur le
ſable; elles verdiſſent & s'y conſervent long-tems
ſi l'on a ſoin de renouveller l'eau. On peut auſſi
enfoncer ces bottes, par le gros bout, à trois ou

quatre pouces dans une couche chaude , & les couvrir d'une cloche.

***

VII   B A S I L I C.

L E BASILIC de cuisine, *Ocymum hortense ;* le seul dont nous traiterons, est une plante annuelle, dont la tige s'éleve de quinze à vingt pouces , & se ramifie en plusieurs branches qui portent a leur extrémité un long épi de fleurs blanches verticillées, accompagnées de feuilles florales, tubulées, labiées ; leur levre supérieure plus grande est divisée en quatre découpures ; l'inférieure est entiere, frisée, un peu cannelée. L'intérieur de la fleur contient quatre étamines , deux longues & deux fort courtes ; un pistil planté entre les embryons de quatre petites semences brunes, oblongues , renfermées dans le calice, dont une levre est fendue en quatre, & l'autre en deux : elles mûrissent en Août. Les feuilles sont assez grandes , lisses , alongées , dentelées , opposées. Toutes les parties de cette plante répandent une odeur agréable.

Culture. En Février & Mars on seme la graine de Basilic sur couches ; plus tard, en pleine terre. Lorsque le plant a cinq ou six feuilles, on le

repique dans une terre légere , meuble , entretenue humide par de fréquents arrofements.

V I I I. B A U M E.

1. Le Baume violet, *Mentha hortenfis violacea ;*
eft une plante vivace , dont les racines nombreufes
font garnies de nœuds ou petites tumeurs comme
le Chiendent , qui au printems donnent naiffance
à autant de drageons, qui féparés & replantés multiplient les pieds de cette plante plus promptement
que fes femences. Ses tiges s'élevent environ à un
pied, menues , couvertes d'un duvet fin , carrées,
d'un rouge foncé du côté du foleil, très-garnies de
feuilles larges à leur bafe & terminées en pointe ,
longues de quinze à dix-huit lignes, dentelées finement & régulierement, velues en-deffus , oppofées alternativement fur deux faces des tiges , d'un
vert très-brun lavé de violet. De l'aiffelle des
feuilles & du fommet des tiges il fort des épis de
petites fleurs en gueule , d'un violet très-clair,
compofées d'un calice tubulé , labié, dont la levre
fupérieure eft découpée en trois, & l'inférieure en
deux dents très-aiguës ; d'un pétale en tube affez
long , dont la levre inférieure eft divifée en trois
pieces inégales médiocrement pointues, & la fupérieure eft entiere & un peu plus grande qu'une des

divisions de l'inférieure, de sorte qu'on pourroit dire que le pétale est à quatre divisions presque égales ; de quatre étamines quelquefois de même longueur, le plus souvent deux longues & deux courtes ; d'un pistil, dont le style est planté entre les ovaires de quatre fort petites semences noires. Les tiges naissantes & toutes leurs feuilles sont d'un violet clair.

2. Le Baume vert, *Mentha hortensis viridis*, ne differe du précédent que par la couleur de ses tiges & de ses feuilles naissantes, qui sont vertes, & brunissent ensuite. Ses feuilles sont plus légérement dentelées & moins pointues.

3. Baume panaché, *Mentha hortensis è violaceo variegata*. Ses jeunes pousses sont d'un rouge clair. Ses feuilles sont lisses, très-peu dentelées, maculées ou panachées de violet peu foncé. Ses tiges sont jaspées de la même couleur. Son odeur est moins forte.

4. Baume citronné ou feuilles d'ortie, *Mentha hortensis urticæ folio*. L'odeur légere de citron, la forme & la couleur des feuilles approchant de celles de l'ortie, distinguent cette variété.

Culture. Au printems semez les graines de cette plante, ou repiquez-en des drageons peu profondément dans une terre légere, fraîche, bonne ou amendée. Pour avancer sa saison, on peut en planter quelques pieds en pots , & les mettre dans des couches.

BETTERAVE.

...ave rouge , GROSSE BETTERAVE , *...a rubra major.* Quoique cette plante ...ordinairement fa graine que la feconde ...lle eft annuelle pour l'ufage. (Il en eft de ...... de la plupart des racines potageres.) Sa ra-......, longue de dix à douze pouces fur trois ou ...atre pouces de diametre, eft en dedans & en ...hors de couleur de fang. Elle doit être liffe , ...nie & unique, & non divifée en plufieurs groffes racines. Ses feuilles font grandes, peu nombreufes, d'un violet très-clair, unies par les bords, portées par de groffes queues larges & cannelées. Leur groffe arrête ou côte & toutes les petites nervures font teintes de rouge amaranthe. Si les feuilles font nombreufes, d'un rouge vif mêlé de vert , & fi la racine eft marbrée de rouge & de quelqu'autre couleur, la plante eft dégénérée & fans qualité.

2. PETITE BETTERAVE rouge , BETTERAVE de Caftelnaudary , *Beta rapacea rubra minor.* Dans toutes fes parties elle eft beaucoup moindre que la précédente, fupérieure par fes bonnes qualités, & un petit goût de noifette. Ses feuilles font moins

alongées , moins grandes , & de couleurs moins foncées.

3. BETTERAVE jaune, *Beta rapacea lutea*. Cette variété, fort à la mode, ne differe de la grosse Betterave que par la couleur jaune qui teint sa racine en dehors & en dedans, la queue, la côte, & les nervures de ses feuilles. Dans le reste elle est d'un assez beau vert.

4. BETTERAVE blanche, *Beta rapacea albida*. Tout ce qui est violet ou rouge dans la grosse Betterave , est blanc ou vert pâle dans cette variété, qui est plus tendre, mais plus incipide.

Culture. Dans un bon terrein meuble ou ameubli par de bons & profonds labours, on seme la Betterave dès le commencement de Mars en terre chaude & légere; quinze jours ou trois semaines plus tard en terre forte & froide. Semée en planche , ou mieux en bordures , elle ne demande d'autre façon que d'être éclaircie lorsque le jeune plant pousse sa cinquieme ou sixieme feuille ; de sorte que chaque pied soit éloigné de l'autre de neuf à douze pouces , être sarclée au besoin , & quelquefois amplement arrosée.

Au commencement de Novembre il faut arracher les Betteraves, en tordre & retrancher toutes les feuilles ; les laisser un ou deux jours à l'air, s'il ne gele point ; les bien nettoyer de terre ; les enfermer

dans

dans une cave séche, ou dans la ferre, fans les
couvrir de terre, ni de fable, ni de paille, hors
le tems de grands froids qui pourroient pénétrer
dans la ferre.

Au commencement de Mars fuivant fi vous re
plantez quelques pieds de Betteraves, ils pouffent
bientôt des feuilles, & enfuite chacun une feule
tige, qui parvient à la hauteur de quatre ou cinq
pieds fur plus d'un pouce de diametre à fa naif
fance. Elle eft cannelée dans toute fa longueur, du
côté du foleil teinte de la même couleur que fa
racine, garnie d'un grand nombre de rameaux.
D'une extrémité à l'autre de ces rameaux il fe développe, à mefure qu'ils s'alongent, de petites
feuilles longuettes & fort étroites, fous l'aiffelle
defquelles il naît une ou deux petites fleurs immédiatement du rameau & fans pédicule. La fleur n'a
point de pétales ; elle eft compofée d'un calice à
cinq divifions, de cinq étamines, & d'un piftil
dont l'embryon devient une femence affez dure,
inégale & comme raboteufe à fa furface ; dans laquelle eft renfermée une petite amande un peu
applatie, de même couleur que la racine de la
plante. Lorfque la graine eft mûre, toute la plante
fe deffeche & périt. Cette graine fe conferve bonne
à femer deux ou trois ans. Plus vieille elle eft
fujette à dégénérer.

Partie II. D

X. BLED DE TURQUIE.

1. BLED de Turquie jaune, Bled d'Inde, Turquet, Maïs, *Mays granis aüreis.* I. R. H. Quoique cette plante annuelle soit d'un usage beaucoup plus fréquent dans la basse-cour que dans la cuisine, il doit s'en trouver une ou deux planches dans un grand Potager.

Dans le climat de Paris du 1 au 15 Avril il faut marquer sur des bordures ou sur des planches bien labourées de terre bonne ou amendée par des engrais, des places distantes l'une de l'autre de quinze à dix-huit pouces ; dans chaque place semer quatre ou cinq grains de Maïs à un pouce de profondeur & autant de distance l'un de l'autre lorsqu'ils sont levés, n'en laisser que deux en chaque place, & arracher les autres ; le plant ayant acquis deux pieds de haut, le butter de huit ou dix pouces. Bientôt il s'éleve une grosse tige cylindrique, pleine, qui parvient à cinq ou six pieds de hauteur. Elle se termine par un panicule de trois à trente épis longs de quatre à cinq pouces, qui portent dans toute leur longueur un très-grand nombre de bales longues, bivalves, renfermant deux fleurs mâles composées chacune de deux pétales blancs très-minces, ressemblant à deux pellicules ou enveloppes ; & de trois étamines, dont les filets font blancs & très-déliés & les fommets longs & comme cannelés.

Sur la tige on remarque plufieurs nœuds. A chacun eft attachée une feuille, dont la graine embrafle prefqu'entiérement la tige ; fa forme imite celle de la feuille du grand Rofeau : elle eft longue de quinze à trente-cinq pouces, large de deux à trois pouces & demi, d'une étoffe ferme & feche, unie & très-mince par les bords. Sous l'aiffelle d'une (ou de plufieurs feuilles de la tige, fuivant la force de la plante & la bonté du terrein) il naît un épi gros & long, couvert de plufieurs (jufqu'à dix) gaines de feuilles beaucoup moindres que celles de la tige. Ces gaines le ferrent & l'enveloppent entiérement. Sur un fupport commun, qui occupe le centre de l'épi dans toute fa longueur, eft attaché fur plufieurs rangs (huit ou dix) un grand nombre de fleurs femelles compofées de pétales, valves ou enveloppes fort courtes & moins minces que celles des fleurs mâles ; d'un embryon rond, furmonté d'un long ftyle barbu, ordinairement fendu à fon extrêmité. Tous les ftyles de l'épi fortent des gaines comme une houpe de filets violets ou blancs, foibles, pendants, longs de quatre à dix pouces.

Après la fécondation les embryons profitent ; l'épi prenant fucceffivement fa croiffance jufqu'à dix ou douze pouces de longueur fur deux pouces de diametre, écarte ſes enveloppes, & montre une partie de ſes grains, qui dans leur maturité deviennent jaunes, de la groſſeur d'un pois, fort ſerrés, & très-adhérents au ſupport. Dès que l'épi commence à s'enfler après la fécondation, il eſt bon de couper l'extrémité de la tige au-deſſous du panicule. Le Maïs cultivé dans un bon terrein tale du pied, & il arrive ſouvent que les panicules de ſes tiges ſe changent entierement ou en partie en petits épis garnis d'autant de rangs de grains qu'il devoit y avoir de rangs de bales.

Pour l'uſage de la table on prévient la croiſſance de l'épi. Lorſqu'il ne fait que de naître, & qu'il n'a que cinq ou ſix lignes de diametre, il faut le déta-cher, le tirer de ſes enveloppes, le nettoyer de ſes ſtyles, le confire au vinaigre blanc comme on confit les Cornichons ; il ſert aux mêmes uſages. Ou bien on le fend en deux ſuivant ſa longueur, & on le fait frire comme l'Artichaud avec une pâte. La plante dépouillée de ſon épi naiſſant en produit d'autres ſucceſſivement, pendant plus de deux mois, ſous l'aiſſelle des autres feuilles de la tige.

2. BLED DE TURQUIE rouge, *Mays granis rubris.* C'eſt une variété qui ne differe que par la couleur. Tout ce qui eſt jaune dans le premier eſt rouge dans celui-ci. On cultive le jaune préférablement au rouge, & à toutes les autres variétés ; car il y en

a de violet, de blanc, de bleu, de panaché ou marbré diverſement.

Les grandes cultures de cette plante ſont étrangeres au potager.

X I. B O U R R A C H E.

BOURRACHE à fleur bleue, *Borrago floribus cœruleis*, I. R. H. La fleur eſt la ſeule partie de la Bourrache d'uſage pour la table comme garniture de ſalade. C'eſt une plante annuelle, dont les feuilles feroient exactement ovales, ſi leur baſe n'étoit un peu plus large que leur extrémité; elles ſont un peu froncées par les bords, longues d'environ ſix pouces, ſur quatre & demi de largeur, portées par de groſſes queues longues de deux à quatre pouces creuſées d'un large ſillon qui eſt bordé d'un feuillet de même étoffe que la feuille. Du cœur de la plante s'éleve à un ou deux pieds une groſſe tige cylindrique, creuſe, garnie de moindres feuilles alternes, ſeſſiles dans le haut de la tige, ſous l'aiſſelle deſquelles naiſſent des rameaux qui ſe terminent par des bouquets de douze à dix-huit fleurs d'environ un pouce de diametre, portées par des pédicules longs de dix à douze lignes recourbés vers la terre, diſpoſés alternativement ſur un gros pédicule commun & oppoſés à

de très-petites feuilles florales. Elles sont composées
d'un calice à cinq échancrures étroites, longues &
pointues ; d'un pétale bleu d'une seule piece, découpé réguliérement en étoile ; de cinq étamines ,
dont les sommets se rapprochent & embrassent un
style porté par un embryon quadriloculaire ou à
quatre ovaires qui se changent en autant de graines
cylindriques. Les filets des étamines sont portés
par une base large & épaisse, attachés dans la gorge
du pétale vis-à-vis d'un double rang de chacun
cinq écailles, dont les extérieures sont fort courtes,
& les intérieures sont pointues, d'un violet presque noir, plus longues que les étamines, dont elles
couvrent les sommets. Toute la plante , excepté
l'intérieur des fleurs, est très-rude au toucher ,
& hérissée de poils forts.

2. LA BOURRACHE à fleur blanche , *Borrago
floribus albis* , J. B. ; & 3. LA BOURRACHE à fleur
couleur de rose , *Borrago flore pallidè roseo* , sont
des variétés que la seule couleur des fleurs distingue.

Culture. La bourrache se multiplie assez d'elle-
même dans les Potagers : mais comme elle monte
en graine aussi-tôt que la plante est formée , pour
n'en point manquer, il faut en semer tous les mois.
On coupe les tiges un peu avant la maturité de la
graine, qui se répandroit aussi-tôt , & on les expose au soleil pour y achever de mûrir.

XII. BUGLOSSE.

LA GRANDE BUGLOSSE à feuille étroite & fleur bleue, *Buglossum angustifolium majus flore cæruleo*, I. R. H., la seule d'un grand nombre d'especes & variétés qui se cultive dans les Potagers, est une plante très-vivace qui se multiplie de drageons plantés, ou de graines semées au mois de Mars en terre labourée, soit en planches, soit en bordures. Sa graine ressemble à celle de la Bourrache, & se recueille avec les mêmes précautions. Toutes les parties de la plante sont velues mais moins rudes au toucher que celles de la Bourrache. Ses feuilles sont attachées presqu'immédiatement, ou par une grosse queue fort courte au tronc, à la tige, ou aux branches, disposées dans une ordre alterne : les grandes sont longues de dix à quinze pouces, larges de deux à trois pouces & demi, aiguës par les deux extrémités, mais plus du côté de la queue. Du pied de la plante il s'éleve à deux ou trois pieds une tige rameuse, rarement plusieurs. Ces tiges & leurs rameaux sont terminés par des bouquets ou épis de dix ou douze fleurs dont le calice est à cinq divisions, longues, étroites & pointues ; le pétale bleu pourpre, d'une seule piece en entonnoir, se découpe profondément en cinq parties régulieres, arrondies à leur extrémité. Au centre de la fleur, dans la gorge de l'entonnoir, on remarque comme un petit bouton très-velu, obtus, formé de cinq petites écailles auxquelles répondent cinq étamines. Trois ou quatre embryons attachés au fond du calice & furmontés d'un ftyle, deviennent autant de petites graines noires. Les fleurs feules font employées pour la table comme garniture de fable.

XIII. CAPUCINE.

1. LA GRANDE CAPUCINE, *Cardamindum majus*, annuelle en ce climat, vivace dans fon pays natal, fe nomme encore *Creffon du Perou*, *Creffon des Indes*, ou mieux *Creffon du Mexique*, d'où elle nous a été apportée. C'eft une plante exotique & grimpante qui veut être placée au pied d'un mur au Midi, ou dans la pofition la plus abritée. Sa tige, qui s'alonge de trois ou quatre pieds, eft garnie de feuilles alternes prefque rondes, unies par les bords, d'un vert fort pâle, larges de deux pouces au moins, & de plufieurs branches avec des feuilles femblables. Sous l'aiffelle des feuilles naiffent des fleurs compofées d'un calice d'une feule piece à cinq divifions qui fe renverfent en arriere, & forment un nectaire long & pointu

en forme de capuce, dont la plante a tiré son nom; de cinq pétales inégaux, véloutés, d'un jaune souci, rayés de rouge, arrondis à leur extrémité, se rétréciffant vers le calice, aux divifions duquel les trois intérieurs font attachés par des onglets barbus. La fleur épanouie a environ deux pouces de diametre; le centre eft occupé par huit étamines & un piftil dont l'embryon triloculaire fe change en trois baies affez dures qui contiennent chacune une femence arrondie d'un côté, de la groffeur d'un pois.

2. PETITE CAPUCINE, *Cardamindum minus.* Cette variété fe nomme *petite*, parce que fes tiges, fes feuilles, fes fleurs, &c. font environ moitié moindres que celles de la *grande*. La fleur a les pétales d'un jaune pâle, avec une mouche souci au milieu.

3. CAPUCINE à fleur double, *Cardamindum flore pleno.* Cette variété reffemble à la premiere par les feuilles, & par la tige qui cependant s'alonge un peu moins. Elle en differe par la fleur véloutée & moins haute en couleur, dont le calice n'a point le nectaire en capuchon, & qui contient un grand nombre de pétales. Elle ne donne point de graine.

Culture. En Mars il faut femer fur couches la graine de la grande & de la petite Capucine; lorfque le plant eft affez fort, le repiquer en bonne terre ou dans de petites fosses remplies de fumier & de terreau, aux expositions marquées ci-devant ; le mouiller souvent & largement ; sa durée & l'abondance de ses fleurs en dépendent.

La Capucine à fleurs doubles ne pouvant se multiplier par les semences, il faut en couper des branches ; les piquer dans des pots remplis de bonne terre ; les tenir à l'ombre huit ou dix jours sans mouiller ; en ce peu de tems elles font enracinées & commencent à pousser. Les marcotes font encore plus promptes & plus sûres. Pendant l'hiver il faut les mettre dans un excellente orangerie, ou dans une chambre habitée, ou mieux dans une serre chaude ; leur procurant le soleil & l'air doux le plus qu'il est possible, & ne les mouillant jamais. A la mi - Mai on les plante en pleine terre comme il est dit ci-devant, & on les mouille souvent. Ses fleurs & celles de la grande Capucine font une fourniture de salade très-agréable à la vue & au goût.

La petite Capucine se cultive moins dans nos Jardins que dans les climats plus tempérés où l'on confit les boutons de ses fleurs comme ceux de la fleur du Caprier, & pour les mêmes usages.

XIV. C A R D O N.

1. CARDON DE TOURS, *Cinara hortenfis fpi-nofa pediculis edulibus.* Notre Nomenclature m'oblige de féparer le Cardon de l'Artichaud dont il eſt une variété. Le Cardon de Tours devient, dans toutes fes parties, excepté le fruit, plus grand que l'Artichaud. Ses feuilles s'alongent de trois juſqu'à cinq pieds, tous leurs angles ſont armés d'épines fortes & très-aiguës. Sa tige s'éleve de quatre à ſix pieds, & ſe termine, ainſi que ſes rameaux, par de petits fruits, dont les écailles ſont pareillement armées d'épines à leur extrémité. Ces fruits ne ſont d'aucun uſage pour la table. La queue & la côte ou groſſe nervure des feuilles, & la racine, ſont les parties commeſtibles.

2. CARDON D'ESPAGNE, *Cinara hortenfis pediculis edulibus.* Si le Cardon d'Eſpagne ſe cultive plus commodément que celui de Tours, parce qu'il n'a point d'épines, il ſe cultive moins avantageuſement, étant plus ſujet à monter, & ſes parties comeſtibles étant moins épaiſſes, moins pleines & moins tendres.

Culture. Pour avoir des Cardons toute l'année, il eſt néceſſaire d'en ſemer en pluſieurs ſaiſons.

I. En Janvier il faut ſemer ſur couches, ſous

cloches, ou mieux fous chaffis, de la graine de Cardon. Lorfque le plant a deux feuilles bien formées, outre les feuilles féminales, le repiquer fur une couche neuve, couverte de neuf ou dix pouces de terre & terreau paffés à la claie & bien mêlés; le laiffer fur cette feconde couche qu'on rechauffe dans le befoin, jufqu'à ce qu'il foit affez fort pour être mis en place. Ces couches peuvent être occupées en même-tems par d'autres plantes, raves, laitues, &c. (Mais il eft plus fimple & plus fûr de femer ces graines dans des pots à Œillets, remplis de bonne terre mêlée de terreau , & de placer ces pots dans une couche. Lorfqu'elle n'a plus de chaleur, on les tranfporte dans une autre. Dans un pot de cette capacité le plant trouve de quoi fe nourrir & fe fortifier jufqu'à ce qu'on le mette en place; & il eft plutôt en état d'y être mis que celui dont les progrès ont été interrompus & retardés par les tranfplantations.) Faire une troifieme couche de fumier demi-confommé, chargée d'un pied de bonne terre, mêlée & paffée à la claie, avec moitié ou tiers de terreau, fuivant que la terre eft plus ou moins bonne & meuble. Lorfque fa grande chaleur eft paffée, y planter en échiquier, à deux pieds & demi de diftance les jeunes pieds de Cardon, & les couvrir chacun d'une cloche (s'ils ne font pas fous chaffis) jufqu'à ce qu'ils foient bien repris (s'ils font en pots , on les dépote , & on les place fans rompre ni altérer leur motte ; comme ils ne fouffrent aucun ébranlement ni dérangement , ils n'ont point à reprendre , ni par conféquent befoin d'être couverts de cloches ni de vitrage.) Étant en place on attache des gaulettes à des fourchettes plantées fur les bords de la couche, pour foutenir des paillaffons dont il faut couvrir le plant pendant les jours froids & les nuits. On donne ordinairement quatre pieds & demi de largeur à cette derniere couche, & on la réchauffe au befoin , fi la faifon ne s'adoucit pas. On peut femer quelques légumes entre les Cardons.

Il faut fouvent mouiller ce plant , tant pour l'empêcher de monter en graine, que pour augmenter fon progrès. A mefure que chaque pied a acquis la force & la groffeur néceffaires , on le lie de trois ou quatre liens de paille par un tems fec ; enfuite on l'empaille jufqu'à l'extrémité des feuilles exclufivement, avec de la paille neuve ou mieux de la grande litiere qu'on lie pareillement avec des liens de paille ou d'ofier bien ferrés. Environ trois femaines après le Cardon eft blanc & bon à être employé ; ce qui arrive ordinairement en Mai.

Pour éviter les épines du Cardon de Tours ,

deux hommes, en face l'un de l'autre , le faisissent & l'embraffent par le pied , avec chacun une fourche de bois; ils font gliffer leurs fourches jufques vers l'extrêmité des feuilles; alors ils ferrent les fourches le plus qu'ils peuvent contre la plante , & les fixent en terre par l'autre bout; enfuite ils aprochnet du Cardon , & placent leurs liens. Un feul homme peut faire cet ouvrage : d'abord il faifit toutes les feuilles d'un côté avec une fourche ; la fait gliffer jufques vers leur extrémité ; la fiche en terre par l'autre bout; fait la même chofe de l'autre côté avec une autre fourche ; enfuite il place les liens de paille. L'opération fe fait mieux par deux hommes, dont l'un embraffe & arrange les feuilles du Cardon , & l'autre met les liens. Mais il faut qu'au moins le premier foit vêtu & ganté de bonne peau. De quelque façon qu'on s'y prenne , on doit avoir grande attention de ne pas rompre de feuilles puifque leur côte eft la principale production utile du Cardon.

II. Lorfqu'on a mis le plant de Cardon en place fur couche , on a dû choifir les plus beaux pieds & les plus forts, & laiffer les plus foibles fur leur feconde couche ou dans les pots. Vers la mi-Mars on laboure profondément un morceau de bonne terre; on y marque des places en échiquier , diftantes de trois ou au moins de deux pieds & demi en tout fens; on y fait de petites foffes de huit

à dix pouces fur chaque dimenfion , que l'on remplit de fumier confommé , recouvert de deux ou
trois pouces de terreau ; on place un pied de Cardon dans chacune. S'il étoit en pot , il n'a befoin
que d'une bonne mouillure pour plomber le terreau
contre fa motte. S'il étoit planté fur la couche,
il faut auffi-tôt qu'il eft placé en pleine terre, le
mouiller, & le couvrir pendant quelques jours d'un
pot, de paille, ou de quelqu'autre chofe dont l'abri
puiffe faciliter fa reprife. Ce plant n'aura befoin
que de quelques binages au pied , & d'être mouillé
tous les deux jours jufqu'à ce qu'il foit bon à
lier : ce qui arrive en Juin ou Juillet.

Si le femis de Janvier avoit été tout employé pour
la premiere plantation, il faudroit , pour cette feconde plantation , faire un fecond femis du quinze
au dernier de Février fur couche, qui n'auroit pas
befoin d'être tranfplanté fur un autre. J'ajoute qu'il
eft avantageux de placer ce fecond plant dans la
plate-bande d'un efpalier au Nord , ou autre lieu
frais & un peu abrité du foleil , qui , dans cette
faifon , feroit monter en graine la plupart des pieds.

III. Enfin vers le quinze d'Avril il faut labourer
profondément & dreffer un terrein ; y faire , garnir
& efpacer de petites foffes comme il eft dit ci-devant ;
femer dans chacune trois ou quatre graines de
Cardon à deux ou deux pouces & demi de diftance

l'un de l'autre, & environ un pouce de profondeur. Lorſque le jeune plant eſt à ſa troiſieme
feuille, on choiſit le plus beau pied de chaque
foſſe, & on arrache tous les autres. Mais dans
les terreins & les années où le ver de hanneton,
la liſette, la fourmi rouge, le puceron, &c. font
de grands ravages, on eſt quelquefois obligé de
reſemer pluſieurs fois le Cardon, ce qui fait un
retardement fort préjudiciable & fort long, car la
graine ne leve que du quinzieme au vingtieme
jour. C'eſt pourquoi j'ai trouvé plus ſûr & plus
avantageux de ſemer dans des pots à quarantaine
ou même à baſilic, que je place autour des couches en dehors des chaſſis, ou au pied d'un mur
ou bâtiment au Midi, ou en autre lieu à couvert
des ennemis de ces jeunes plantes, & je ne les
mets en pleine terre que lorſqu'elles ont leur
quatrieme feuille ; alors elles n'ont à craindre que
le ver de hanneton : je reſerve quelques pieds pour
réparer ſes dégâts. (D'autres légumes peuvent
ſubſiſter entre les Cardons.)

Juſqu'en Octobre les Cardons veulent être ſer-
fouis de tems en tems, & mouillés tous les deux
jours, ſoit par les pluies, ſoit par les arroſemens.
Depuis ce tems on lie & on empaille ſucceſſivement de huit en huit jours quelques-uns des plus
beaux pieds, pour les conſo...mer trois ſemaines

après

après. Lorfque les gelées commencent à fe faire
fentir, on les lie tous, fans les empailler, & on
les butte de fept à huit pouces. S'il furvient en
Novembre quelques gelées un peu fortes, on jette
deffus de la litiere, des coffas de pois, &c. Enfin
lorfqu'en Décembre on prévoit les grandes gelées,
il faut lever en motte tous les pieds de Cardon,
les tranfporter dans la ferre ; les y planter dans
du fable ; leur donner de l'air toutes les fois qu'il
eft doux. Ils y blanchiffent fans paille ; & dans
une bonne ferre il s'en conferve jufqu'en Avril. On
peut ne les point planter dans le fable, mais les
ranger debout, l'un devant l'autre contre un mur
de la ferre ; les vifiter fouvent, & les nettoyer de
toutes feuilles pourries, & retirer pour la confommation ceux qui paroiffent les plus avancés.
Mais il eft rare & difficile d'en conferver auffi long-
tems. Cet ufage ne convient qu'aux Maraichers.

Au défaut de ferre, on peut faire dans un terrein très-fec une tranchée profonde de trois pieds,
large de quatre pieds, & de longueur proportionnée au nombre de pieds de Cardons. A un
bout de la tranchée on fait un chevet de longue
paille ; c'eft-à-dire, on tapiffe, on couvre ce bout
de la tranchée de deux ou trois pouces de longue
paille ; contre ce chevet on place debout trois ou
quatre pieds de Cardon levés en motte, de forte

qu'un pied ne touche point l'autre : on fait un fecond chevet qui couvre ce premier rang, & on y place un fecond rang de Cardons, & ainfi de fuite ; ayant attention de laifler l'extrêmité des feuilles à l'air, tant que la rigueur du froid n'oblige pas de couvrir toute la furface de la tranchée avec de la paille, & avec des paillaf- fons inclinés pour empêcher les pluies & les neiges de pénétrer : cet expédient eft fort bon. Le fuivant vaut encore mieux.

Dans un terrein fec fouillez une tranchée de trois pieds de profondeur fur cinq de largeur, & de longueur proportionnée au befoin. Jettez fur les bords de la tranchée, des côtés du Nord, du Levant & du Couchant, toutes les terres qui for- tiront de la fouille; plombez-les bien & difpofez-les en talus qui éloigne de la tranchée les pluies & les neiges. Le long de la tranchée, du côté du Midi, plantez des échalas ou de grandes four- chettes pour foutenir une perche, fur laquelle vous attacherez un nombre fuffifant d'échalas pour porter une couverture groffiere de paille, de fou- gere, de coffas de pois, & de paillaffons par- deffus. Cette couverture, plus inclinée du côté du Nord que du côte du Midi, fera appliquée par fon extrémité fur les terres qui bordent la tran- chée. Du côté du Midi vous ménagerez quelques ouvertures pour introduire l'air & le soleil quand il est possible , & pour descendre dans la tranchée soigner les Cardons. Ces ouvertures se bouchent avec de doubles paillassons pendant les nuits & les tems rudes. On dispose, comme ci-devant , les cardons entre des chevets de paille , suivant la longueur de la tranchée , du côté du Nord ; ou bien comme dans une serre.

Pour recueillir de la graine de Cardon , il faut en laisser quelques pieds en liberté. Au commencement de Novembre , les butter , rogner les feuilles , &c. , les conduire & les gouverner comme il est marqué à l'article de l'artichaud.

On peut faire blanchir les Cardons en terre comme le Céleri ; mais 1°. il faut que les rangs soient assez éloignés pour trouver la quantité de terre nécessaire pour une butte de trois ou trois pieds & demi de haut ; 2°. il faut les consommer aussi-tôt qu'ils sont blancs, parce qu'ils pourrissent bientôt.

XV. C A R O T T E.

1. CAROTTE jaune longue, *Daucus hortensis longâ radice luteâ*. La racine de cette variété de Carotte , qui est la plus commune dans les Jardins , est longue de huit à douze pouces, arrondie sur son diametre, qui est en proportion à sa longueur d'un à deux pouces & demi ; elle se termine presque régu-

lierement en pointe, de forte que fa forme approche d'un cône très-alongé ; le dehors & le dedans font fortement teints de jaune fouci. Ses feuilles font grandes, ailées, compofées d'un grand nombre de folioles (de feize à vingt) pareillement aîlées & découpées ou dentelées très-profondément ; les folioles diminuent de grandeur, & font moins éloignées les unes des autres, à proportion qu'elles naiffent plus près de l'extrémité de la feuille. La côte des feuilles eft nue & fans aîles jufqu'à la moitié de fa longueur, & fouvent audelà ; cette côte des feuilles & les arrêtes des folioles font garnies d'un duvet blanc, rondes en dehors, concaves ou fillonnées en dedans. Les feuilles qui naiffent immédiatement de la racine, font dans un ordre qui n'eft ni circulaire ni alterne ; les autres font alternes fur la tige qu'elles embraffent par leur empatement. La tige eft cylindrique, un peu cannelée, de groffeur médiocre, haute d'environ quatre pieds ; plufieurs branches, qui fortent de l'aiffelle de fes feuilles fupérieures, fe terminent comme elle par un parafol ou ombelle de trois à quatre pouces de diametre, dont les rayons nombreux font plus courts, à proportion qu'ils naiffent plus près du centre. Ces rayons portent chacun à fon extrémité une petite ombelle, contenant un grand nombre de petites fleurs à cinq pétales blancs, inégaux, difpofés en rofe, ou plutôt prefque radiés, dans lefquelles on trouve cinq étamines & un piftil dont l'embryon devient une femence un peu alongée, ronde d'un côte, applatie de l'autre, garnie de poils rudes, & plus odorante que les autres parties de la plante. Lorfque les graines font près de leur maturité, tous les rayons du parafol fe courbent en dedans, & rapprochent leurs petites ombelles vers le centre. Il faut couper fucceffivement les parafols à mefure que la graine de chacun eft mûre, & les expofer quelques jours au foleil, pour en perfectionner la maturité.

2. CAROTTE jaune ronde, *Daucus hortenfis turbinatâ radice luteâ.* Cette variété, fupportant mieux l'hiver que la précédente, peut être femée en Septembre : elle ne differe de la longue que par fa racine, qui eft courte, & partie cylindrique, partie turbinée, c'eft-à-dire, d'une forme approchant de celle d'une toupie alongée.

3. CAROTTE blanche longue, *Daucus hortenfis longâ radice albidâ.* Cette Carotte reffemble à la jaune longue. La couleur blanchâtre un peu lavée de roux de fa racine eft le feul caractere qui la diftingue. Elle eft plus douce au goût, mais moins tendre & plus difficile à cuire ; auffi réfifte-t-elle mieux aux gelées & aux humidités.

4. LA CAROTTE blanche ronde , *Daucus horten-fis turbinatâ radice albidâ* , fe diftingue de la précé-dente par fa racine turbinée.

5. CAROTTE rouge longue , *Daucus hortenfis longâ radice rubrâ.* La racine de cette Carotte , qui devient à la mode, eft teinte de jaune orangé affez foncé ; elle eft fort bonne , mais moins groffe , & par conféquent moins profitable que les autres ; fon goût fort ne plait pas à tout le monde.

Culture. I. Dans une terre légere & meuble dé-foncée ou préparée par deux bons labours , dreffée & améliorée par des engrais , fi elle en a befoin , femez vers le quinze Mars en planches , ou mieux en bordures , à la volée , ou mieux en rayons dif-tans de cinq à fix pouces , la graine de Carotte que vous aurez auparavant frottée rudement entre vos mains feule , ou mieux avec du fable , pour rompre fes poils qui l'attachent l'une à l'autre & empêchent qu'elle ne s'attache à la terre. Rcouvrez-la légére-ment au rateau , ou bien battez un peu la terre avec le dos de la béche , ou marchez deffus afin de l'enterrer. Il faut choifir un tems fec , calme & fans vent. Sarclez & arrofez foigneufement le jeune plant. Lorfque fa racine a environ deux lignes de dia-metre , il faut l'éclaircir de forte que les pieds foient diftans l'un de l'autre de quatre à fix pouces en tous fens , fuivant la bonté du terrein. Dóré-

navant il n'exigera d'autre culture que d'être far-
clé & mouillé. Il eft bon d'en couper toutes les
feuilles deux fois dans le courant de l'eté.

[Si le terrein eft fort , compact , froid , humide , il faut femer un mois plus tard , afin que les
infectes dont ces terreins font remplis foient éclos
& fortis de terre ; ameublir ce terrein avec du terreau , le couvrir de fable ou de terreau très-fin.
Malgré toutes ces attentions on eft fouvent obligé
de refemer plufieurs fois la Carotte dans ces fortes de terreins où tout le plant naiffant eft dévoré
par les infectes. Les variétés à racine ronde y
font plus propres que celles à racines longues ,
qui ne pouvant y piquer aifément , deviennent
branchues , noueufes & fouvent véreufes.]

La Carotte étant une des racines de l'ufage le
plus fréquent & une des principales reffources
pendant l'hiver , il faut la préferver des rigueurs
de cette faifon. La carotte blanche réfifte à nos
hivers ordinaires ; couverte d'un peu de paille ou
de feuilles , elle ne craint pas les plus fortes gelées. Avec un peu plus de couverture la jaune peut
paffer l'hiver en terre feche ; mais fi une feule nuit
de grande gelée la furprend découverte , elle la
perd. On trouve plus fûr & moins embarraffant
de l'arracher vers le quinze Décembre, de la laver,
nettoyer de terre , laiffer fécher & reffuyer ,

enfuite la ranger dans une ferre par tas, de façon
que les racices foient vers le centre, & les têtes
à découvert fur les côtés pour jouir de l'air.

[D'autres font dans une terre féche des foffes
de cinq ou fix pieds de profondeur & de grandeur
à volonté. Ils étendent un peu de paille dans le
fond, forment un lit de plufieurs rangs de Carottes,
qu'ils recouvrent de paille, fur laquelle ils arrangent un autre lit de Carottes, & ainfi alternativement jufqu'à un ou un pied & demi du niveau du
terrein. Enfuite ils rejettent par deffus toutes les
terres tirées de la fouille, de façon qu'elles couvrent la furface des foffes, & qu'elles débordent
fur le terrein. Ils les plombent & les dreffent en
dos d'âne ou en talus. La pluie, la gelée & le foleil ne pouvant pénétrer cette épaiffeur de terre
qui eft d'environ quatre pieds ; l'air même n'y
ayant pas affez d'action pour la végétation de ces
racines, elles pourroient fe conferver toute l'année fans aucune altération.]

Lorfqu'on déplante les Carottes, il faut en laiffer en terre un nombre convenable pour donner
de la graine au mois d'Août fuivant, & les couvrir de feuilles ou de litiere dans les fortes gelées ;
ou bien on choifit dans la ferre les plus belles & les
mieux faites pour les replanter au commencement
de Mars à un pied de de diftance l'une de l'autre.

II. On feme encore des Carottes vers la fin de Septembre (il faut alors femer de la graine de deux ans, parce qu'elle eft moins fujette à monter que celle de l'année). Au commencement de Novembre on farcle le jeune fémis ; dans les fortes gelées on le couvre de feuilles féches ou de litiere ; en Mars on l'éclaircit ; & pendant le printems, auffi-tôt que quelque pied commence à monter, on l'arrache. Ces Carottes fe confomment en Avril & Mai.

III. Les Amateurs de cette racine peuvent en femer fous cloches ou fous chaffis parmi d'autres plantes, fur des couches recouvertes de dix à douze pouces de bonne terre meuble & terreau mêlés & paffés à la claie. Avec les foins néceffaires à toutes plantes fur couches, ces Carottes feront bonnes à employer environ deux mois & demi après.

XVI. CÉLERI.

DE toutes les variétés d'Ache, il ne fera queftion ici que de celles qui fe cultivent pour l'ufage de la table : elles font connues fous le nom de Céleri, & ne font qu'annuelles dans nos jardins.

1. CÉLERI long, Céleri tendre, grand Céleri, *Apium hortenfe majus.* Les feuilles naiffent immédiatement de la fouche, tronc ou bafe de la racine, qui eft charnue, groffe & garnie de chevelu ou petites racines nombreufes. Elles font larges, aî-

lées, terminées par un impaire, d'un vert clair, longues de huit ou neuf pouces; foutenues droites par des queues longues de quinze à feize pouces, tendres, affez charnues quoique creufes, larges, cylindriques & cannelées extérieurement, concaves en dedans ou creufées d'un fillon fuivant leur longueur, difpofées en recouvrement à leur naiffance. Les folioles au nombre de quatre à huit font recompofées de trois folioles, ou découpées en trois pieces étroites à leur naiffance, larges à leur extrêmité, dentelées profondément & inégalement. Les feuilles font nombreufes, quoique chaque pied n'ait qu'un feul œilleton ou une feule tête, qui donne naiffance à une groffe tige cylindrique, cannelée, creufe, haute d'environ quatre pieds, garnie de quelques feuilles alternes de la même forme que celles du pied, & de plufieurs rameaux qui portent comme la tige chacun une ombelle terminale de petites fleurs, compofées de cinq pétales d'un blanc un peu mêlé de jaune, de cinq étamines, & d'un piftil dont les deux ftyles furmontent un double embryon qui fe change en deux graines fort petites, ftriées, hémifphériques d'un côté & concaves de l'autre. La grandeur de ce Céleri l'a rendu pendant longtems plus commun que les fuivants.

2. CÉLERI court, Céleri dur, petit Céleri,

Apium hortenſe minus. Les feuilles de cette variété ſont plus courtes, & d'un vert moins clair que celles du Céléri long. Si le Céleri court eſt quelquefois plus dur & d'un goût moins délicat, il a l'avantage d'avoir les feuilles plus charnues, plus nombreuſes, d'être plus hâtif, moins ſenſible à la gelée, & moins ſujet à la rouille & à la pourriture. Aucune de ſes parties ne contient d'autre caractere diſtinctif.

3. CÉLERI plein, *Apium hortenſe pleno pediculo.* La côte, c'eſt-à-dire, la queue & la groſſe nervure des feuilles de tous les Céleris eſt creuſe ou pleine de moëlle : dans celui-ci elle eſt pleine, & par conſéquent plus charnue & plus tendre. Quoique plus court & moins grand que le n°. 1, il lui eſt préféré ; mais il eſt fort ſujet à dégénérer de goût & de qualités ; & alors il eſt inférieur à tous les autres. Il veut une terre légere & bien fumée. Le voiſinage des autres Céléris fait varier ſa graine. Il a une variété agréable à la vue par quelques veines rouges, dont elle eſt panachée. On la nomme *Céleri rouge.*

4. CÉLERI à groſſe racine longue, Céleri-rave long, *Apium hortenſe radice napiformi longâ, albidâ.* Ce Céleri ſe diſtingue bien de tous les autres par ſes feuilles qui ſe renverſent ſur terre, au lieu de ſe ſoutenir droites ; par ſa tige qui s'éleve beau-

coup moins ; & fur-tout par fa racine qui eft groffe, alongée, blanche, d'une forme approchant de celle d'un Navet long, ou d'une groffe rave. Il a deux fous-variétés ; l'une à racine blanche & ronde. *Apium hortenfe radice napiformi turbinatâ albidâ*; l'autre à racine ronde, blanche veinée de rouge, *Apium hortenfe radice napiformi turbinatâ albidâ venis rubris diftinctâ*. Celle-ci eft la plus eftimée. Ce Céleri a été fort à la mode ; aujourd'hui il eft rare : cependant il eft de bon rapport, quoiqu'on ne faffe ufage que de fa racine cuite ; & fa culture eft fimple & facile. On peut auffi faire blanchir fes feuilles; elles font fort bonnes, mais fort courtes,

Culture. L'ufage du Céléri étant très-fréquent & très-agréable, ceux qui veulent en avoir toute l'année, doivent en femer en plufieurs faifons.

Il faut en femer en Janvier fous cloches ou chaffis fur une couche chargée de bonne terre meuble & de terreau mêlés & paffés à la claie ; lorfque le jeune plant a trois ou quatre feuilles, le repiquer fur une autre couche à douze ou dix-huit lignes de diftance l'un de l'autre, lui donner de l'air toutes les fois qu'il eft fupportable, & le défendre des rigueurs de la faifon, avec le vérre, les paillaffons & autres couvertures. Vers le commencement d'Avril, lorfqu'il eft affez fort pour être planté en pleine terre, labourer & ameublir un bon terrein bien fumé & bien amendé; y dreffer des planches de largeur à volonté depuis deux jufqu'à fept pieds ; y tracer des rayans diftans de fix ou fix pouces & demi l'un de l'aurre ; planter dans ces rayons les pieds de Céleri en quinconce à fix pouces de diftance l'un de l'autre ; mouiller fur le champ , & renouveller les arrofemens tous les deux jours , à moins qu'on n'en foit difpenfé par la pluie ; le farcler & le biner dans le befoin.

Vers le commencement de Juin il doit avoir acquis fa force. Alors par un tems fec il faut lier de trois liens de jonc , ou de paille à fon défaut, chaque pied de Céleri d'une planche entre deux autres ; garnir de litiere feche tous les vuides entre les pieds , de forte qu'on ne voie que l'extrémité des feuilles ; arrofer de deux jours l'un pour l'attendrir ; & fi les arrofements affaiffent la paille , en ajouter autant qu'il eft néceffaire. En trois femaines ou un mois le Céleri fera blanc & bon à employer, & fe confervera fans fe pourrir environ un mois. Dès qu'il eft blanc il faut fupprimer les arrofements. Alors on lie de la même façon le Céleri des planches voifines , & on le butte avec la terre des planches dont on confomme le plant. D'abord on le butte jufqu'au premier lien ; fept ou huit jours après , jufqu'au fecond ; & autant de tems après , jufqu'à l'extrémité des feuilles exclu-

ſivement. A moins qu'il n'arrive une grande ſéche-
reſſe, il n'aura pas beſoin d'être mouillé ; la fraîcheur de la terre ſuffit pour l'attendrir.

[Au lieu d'empailler les premieres planches pour
faire blanchir le Céléri, on peut labourer profondément & bien ameublir un coin de terre ; y
donner une ample mouillure qui puiſſe pénétrer
le labour ; vingt-quatre heures après y faire avec
un gros plantoir, des trous diſtants l'un de l'autre d'environ quatre pouces, & de profondeur
égale à la longueur du plant ; arracher le Céleri
qui aura été lié la veille ou quelques jours auparavant ; ſupprimer une partie des racines, & mettre un pied dans chaque trou, ſans le borner, ni
approcher contre, ni plomber la terre ; mais le
mouiller auſſi-tôt, & dans la ſuite donner quelques arroſements, s'il y a néceſſité.]

II. Au mois de Mars on fait un ſecond ſemis de
Céleri ſur le bout de quelque couche, ou en pleine
terre dans une bonne expoſition & abritée ; on
repique le petit plant lorſqu'il pouſſe ſa quatrieme
ou cinquieme feuille ; on le plante en place lorſqu'il a acquis la force néceſſaire. Il ſe cultive & ſe
gouverne comme il eſt expliqué ci-devant. On
le lie & on le fait blanchir en tems convenable,
pour qu'il ſuccéde au premier, en Août.

III. En Mai on fait un troiſieme ſemis en pleine

terre ; avec l'attention de femer clair , ou d'éclaircir le plant de façon qu'il puiffe acquérir dans la
même place la force néceffaire pour être planté
en planche , fans être repiqué en dépôt , façon
inutile dans cette faifon , ou plutôt nuifible , en
retardant le progrès du jeune plant. Conduit &
cultivé comme il eft dit ci-devant , il fuccédera
en Octobre à celui du fecond femis. Si l'on a de
vielles couches inutiles , on peut y planter au
gros plantoir les planches que l'on veut faire
blanchir les premieres , comme il a été expliqué ;
le Céleri y blanchira plus promptement que dans
la terre.

IV. Enfin vers la fin de Juin on fait un quatrieme femis comme le précédent , pour fournir
du Céleri pendant l'hiver. (En confervant & différant de mettre en place une partie du plant
de Mai, on pourroit s'épargner ce quatrieme femis.) Lorfque par la culture & les foins indiqués
ci-devant il eft parvenu à fa grandeur, il faut fe
conduire fuivant la qualité du terrein. S'il eft fec ,
lé Céleri étant lié avant toute gelée capable de
l'endommager, (ce point eft important), & butté
de terre le plus tard qu'il eft poffible , mais avant
les fortes gelées , il réfiftera bien à l'hiver, avec
l'attention de le couvrir de grande litiere dans
les froids rigoureux. [Quelques Jardiniers, après

l'avoir lié, le défendent des gelées jufques vers la fin de Décembre avec de la grande litiere ; qu'il faut retirer toutes les fois que le tems n'eft pas trop rude. Lorfque les grandes gelées menacent, au lieu de le buter, ils le déplantent & le repiquent au gros plantoir dans un coin de terre labourée & préparée comme il eft marqué ci-devant ; & avec de la grande litiere, qu'il faut ôter & remettre toutes les fois que le tems permet l'un ou exige l'autre, ils le préfervent des rigueurs de la faifon. Dans cet état il blanchit & fe conferve long-tems. Comme il occupe moins de place que dans les planches, il faut moins de litiere pour le couvrir, & moins de tems pour l'ôter & pour la remettre].

Si le terrein eft humide, après avoir lié le Céleri & défendu jufqu'au tems où les couvertures deviennent infuffifantes contre la force des gelées, ou préjudiciables à la plante, qui aime l'air, & qui pourriroit fi elle étoit trop long-tems enfevelie dans la litiere ; il faut l'arracher, & fans rien retrancher de fes racines, le porter dans la ferre, & l'enterrer dans du fable frais & un peu humide, jufqu'au premier lien. Enfuite le butter avec le même fable jufqu'à l'extrêmité des feuilles en tems & en quantité convenables pour qu'il blanchiffe fucceffivement à mefure qu'il eft né-

ceffaire

cessaire pour la consommation. Il faut être attentif à ouvrir la serre lorsque la température de l'air le permet; car pendant l'hiver le Céleri craint le froid, l'humidité, & le défaut d'air, comme pendant tout le tems de sa croissance il aime une terre légere, bien engraissée, fraîche, & fréquemment arrosée. Cette pratique est moins embarrassante, moins dispendieuse, & plus sûre que les autres, pour conserver jusqu'au printems le Céleri, qui peut périr par une seule forte gelée qui l'aura surpris découvert, ou être pourri par les pluies d'un hiver trop humide, ou par une suite de fortes gelées qui aura obligé de le tenir trop long-tems privé d'air sous les couvertures.

La racine du Céleri n°. 4, étant la seule partie employée dans la cuisine, ses feuilles n'ont besoin d'être ni liées, ni buttées; aux approches des fortes gelées, on les retranche en les tordant après avoir arraché le Céleri. Ensuite les racines étant bien nettoyées, on les porte dans la serre; on les y arrange comme les Carottes; ou bien on les repique fort près l'une de l'autre dans un terrein bien labouré & sec, à une telle profondeur que l'œil soit recouvert de trois ou quatre pouces; & dans les grands froids on y ajoute des feuilles ou autres couvertures.

Tous les ans, avant les grandes gelées, il faut

marquer quelques beaux pieds du Céleri pour donner de la graine l'année fuivante ; les lier & butter comme pour les faire blanchir ; les défendre avec foin des rigueurs de l'hiver ; au mois de Mars, les déterrer peu-à-peu & les mettre en liberté. (S'ils avoient péri pendant l'hiver, on planteroit en Mars quelques pieds des mieux confervés dans la ferre.) Leur graine mûrit en Septembre. Quoiqu'elle foit bonne pendant trois ou quatre ans, la plus nouvelle eft préférable. Depuis quinze ans on cultive fous mes yeux du Céleri plein dans un terrein froid, humide, glaifeux, & par conféquent très-peu propre à cette plante. Cependant il eft très-rare d'en trouver quelques pieds dégénérés. Je n'attribue ce fuccès conftant qu'à la bonne culture, à l'attention de femer la graine la plus récente, & de s'affurer, en coupant quelques-unes des plus groffes & des plus vieilles côtes, fi les pieds que l'on deftine pour graine font entiérement pleins.

XVII. CERFEUIL.

1. CERFEUIL commun, petit Cerfeuil, *Chœrophyllum minus*. Le Cerfeuil eft une plante annuelle de la même claffe que la Carotte, le Céleri, &c. ayant par conféquent la plupart de fes carac-

teres femblables. Sa racine unique, blanche, garnie de fibres, donne naiſſance à un grand nombre de feuilles de grandeur médiocre, aîlées à deux ou trois rangs, découpées ou dentelées profondément; portées par des pédicules longs, demicylindriques, creuſés d'un ſillon, couverts d'un duvet fin, légérement lavés de rouge, dont ſouvent on apperçoit auſſi quelques traits ſur les feuilles. Du milieu de ces feuilles s'éleve, à quinze ou vingt pouces, une tige cannelée, cylindrique, creuſe, teinte de rouge foncé, de laquelle naiſſent quelques rameaux à une grande diſtance l'un de l'autre. Cette tige & ſes rameaux ſe terminent chacun par une ombelle ordinairement ſans enveloppe; cette ombelle eſt rameuſe & ſe partage en pluſieurs petites ombelles dont l'enveloppe contient de trois à huit feuilles ſimples. Elles portent de petites fleurs blanches, dont les cinq pétales diſpoſés en roſe ſont inégaux & cordiformes. Le centre de chaque fleur eſt occupé par cinq petites étamines, & deux ſtyles poſés ſur un embryon qui ſe change en deux graines noires, très-alongées. Toutes les parties de cette plante ſont d'un goût & d'une odeur un peu aromatique, excepté ſa racine qui eſt âcre. On ne fait uſage que de ſes feuilles pour la table.

GRAND CERFEUIL. Vivace. Muſqué. d'Eſpagne,

Chærophyllum majus moschatum. Le grand Cerfeuil se distingue de l'autre par la grandeur de toutes ses parties qui sont quintuples ou sextuples de celles du Cerfeuil commun; par son odeur aromatique approchant de celle de l'Anis ; parce qu'il est vivace, & qu'il donne des feuilles plus nombreuses. Tous les autres caractères sont les mêmes.

Culture. Depuis le commencement du printems jusqu'au commencement d'Octobre on seme tous les quinze jours le Cerfeuil commun en planches ou en bordures, à la volée ou mieux par rayons. Tout terrein labouré lui convient. Les premiers semis se font sur couches ou au pied d'un mur au Midi. A mesure que la saison s'échauffe, on le seme à des expositions moins frappées du soleil; pendant l'été on le seme au Nord à l'ombre de quelque mur, & on l'arrose tous les jours. Enfin pendant le mois de Septembre on en seme à toute exposition. Le dernier semé passe l'hiver, fait sa tige au printems ; & sa graine mûrit en Juin : elle n'est très-bonne à semer que pendant un an.

On seme au printems la graine du Cerfeuil musqué, qui ne leve que du vingtieme au trentieme jour, à moins que l'on n'ait soin d'entretenir le terrein toujours frais & humide. Comme il monte difficilement en graine, il n'exige ni arrofemens ni culture. Lorfqu'on veut en faire ufage, on le couvre de paille, & on donne quelques mouillures. Par ce moyen fes feuilles blanchiffent & s'attendriffent; on les coupe, & on les mêle avec la laitue en falade : mais peu de perfonnes aiment fon goût fort & mufqué; de forte qu'il eft rare dans les jardins.

XVIII. CHAMPIGNON.

LE CHAMPIGNON cultivé, Champignon de fu-mier de cheval, *Fungus fativus equinus*, I. R. H., eft rond en naiffant, quelques heures après fon fom-met s'applatit un peu ; & fi l'on differe trop de le cueillir, il s'étend en parafol. Le deffus eft cou-vert d'une peau liffe, grife ou blanche, fuivant la qualité du fumier. Le deffous eft blanc très-légérement teint de rouge; & lorfque le Cham-pignon s'eft développé, ce deffous eft garni de lames, membranes ou feuillets très-nombreux & très-ferrés, difpofés en rayons, & teints de rouge. La tête, le bouton ou chaperon du Champignon eft porté par un gros pédicule court, cylindrique & liffe. La chair du bouton & du pédicule eft blanche & fpongieufe. Ce Champignon cueilli fort petit & prefque en naiffant, eft d'un parfum

& d'un goût très-agréable. Parvenu à environ un pouce de diametre, & confervant fa forme ronde, il fait plus de profit & moins de plaifir; fi on le laiffe vieillir, fe développer entierement & acquerir toute fa grandeur, fon odeur défagréable avertit de s'en défier, comme d'un mets peut-être dangereux.

Ne pouvant affigner aux autres Champignons comeftibles des caracteres affez décidés pour les faire diftinguer sûrement & facilement de ceux dont l'ufage feroit pernicieux, je n'en donne ni les noms ni la defcription; & je bénis la Providence qui, en conduifant la main des enfans & des ignorans qui les cueillent, ne permet pas fréquemment les accidens fâcheux qui réfulteroient de la méprife dans le choix de ces végétaux fufpects.

Perfonne aujourd'hui ne révoque en doute que ces productions fingulieres font de vraies plantes qui, dans l'efpace de douze à vingt-quatre heures (fouvent moins) naiffent, prennent leur croiffance & mûriffent les graines qui les produifent & les multiplient. Ces femences très-fines, portées fans doute par les vents fur toutes les terres & les plantes, n'attendent que le dégré de chaleur & d'humidité néceffaires à leur germination pour fe développer & produire des Champignons dans les bois, dans les prés, dans les champs, fur le tronc des arbres, &c. Tout l'art d'élever des Champignons confifte à donner à du fumier & de la terre ce degré de chaleur & d'humidité. Nous allons expofer les pratiques généralement fuivies & reconnues les plus fûres.

I. Au mois de Décembre, dans un terrein fec & fablonneux, il faut faire une tranchée de longueur à volonté, fur deux pieds de large & fix pouces de profondeur; jetter fur les côtés la terre de la fouille. (Si le terrein eft fort humide, il faut faire la tranchée plus profonde, & mettre dans le fond un lit de platras ou de pierrailles, recouvert d'un peu de terre mêlée de fable.) Dans cette tranchée faire une couche de fumier court, mêlé de beaucoup de crotin de cheval qui ne mange point de fon, fans cependant employer le fumier trop gras. Elle doit être dreffée bien également, bien foulée & trépignée, être formée en dos de bahu, & avoir deux pieds de hauteur dans fon milieu ou fommet. Enfuite la couvrir ou gopter d'environ un pouce de la terre fortie de la fouille (mêlée de fable ou de terreau, fi elle eft forte & compacte;) la laiffer fans aucun foin jufqu'au commencement d'Avril. Alors la couvrir de trois doigts de grande litiere fecouée, & la laiffer jufqu'à la fin de Mai, qu'elle doit commencer à produire. Depuis ce tems il faut la vifiter fouvent pour recueillir les Champignons; & lorfqu'elle en donne abondamment, tous les deux jours ôter la litiere pour récolter, auffi-tôt la remettre; & s'il ne tombe pas de pluie, baffiner ou donner un léger arrofement (d'une voie d'eau pour quatre toifes de couche.) Elle doit produire au moins quatre mois.

Si la récolte excede la confommation que l'on peut faire de Champignons, on peut conferver le furplus. On lave bien les Champignons; on les enfile comme des chapelets; on les fufpend en un lieu bien airé jufqu'à ce qu'ils foient fecs; enfuite on les enferme dans des boëtes ou facs de papier, & on les tient féchement. Lorfqu'on veut les employer, on les fait tremper quelques heures dans de l'eau tiéde ; ils reviennent, & font égaux ou très peu inférieurs en bonté à ceux qui font récemment cueillis.

Lorfque la couche eft épuifée, on la détruit; mais il faut féparer du terreau, qui eft bon aux ufages ordinaires, certaines croutes ou galettes blanches qui s'y trouvent & qu'on nomme *blanc de Champignon*. Ce font des parties de la couche auxquelles ont été attachées les queues d'un grand nombre de Champignons & qui font remplies de femences de ce végétal. Étant mifes en un lieu fec, elles fe confervent pendant deux ans propres à produire des Champignons fur les *meules* dont nous allons donner la façon, & plus promptement & plus abondamment & dans tous les tems de l'année. [Ordinairement on les met dans un grenier fur les fablieres, fur les entrais ou fur quelques autres groffes pieces de la charpente. J'en ai confervé ainfi de très-bons pendant près de quatre ans.] La meule a tous ces avantages fur la couche, mais elle exige bien plus de dépenfe en fumier, plus de foins & d'attentions.

II. 1°. Près de l'emplacement deftiné à la meule à Champignons, il faut entaffer du fumier de cheval avec le crotin, l'y laiffer pendant un mois, & écarter toute volaille qui viendroit le grater. 2°. Faire garnir l'emplacement de la meule qui doit être large de trois pieds fur une longueur à volonté, d'environ un pied de platras ou de pierrailles & les recouvrir de quelques pouces de fable qu'on bat & qu'on égalife bien. Cette façon eft abfolument néceffaire dans les terres fortes & humides, & très-avantageufe dans les terres féches, pour l'écoulement des eaux, pour entretenir dans la meule le degré de chaleur néceffaire, & la préferver d'une humidité nuifible. Elle n'eft cependant effentielle que pour les meules d'automne, de printems & d'hiver; celles d'été réuffiffent mieux fur un fond frais fans être humide, & à une expoſition un peu défendue du grand ſoleil. 3°. Dreſſer la meule avec le fumier entaſſé à l'air pendant un mois, comme on dreſſeroit une couche, haute d'un pied ſur les longueur & largeur marquées ci-deſſus ; & en maniant le fumier, en retirer la paille longue, & n'employer que le fumier court avec le crotin. Lorſqu'elle eſt toute dreſſée, la mouiller abondamment. (On peut faire la meule avec du fumier ſecoué & ſéparé de la grande litiere nouvellement tiré de deſſous les chevaux, mais on ſeroit obligé de la remanier trois ou quatre fois pour amortir ſon grand feu.) 4°. Pour arrêter & empêcher la trop grande chaleur de la meule, quatre jours après qu'elle a été dreſſée & mouillée, il faut remanier tout le fumier dont elle eſt compoſée, en retirer environ un tiers qu'on entaſſe à côté, & lui ſubſtituer autant de fumier neuf. (Si l'on trouvoit une très-grande chaleur dans la meule, on la rétabliroit telle qu'elle étoit, & quelques jours après on la remanieroit une ſeconde fois.) 5°. Avec les deux tiers de fumier remanié & le tiers de fumier neuf, dreſſer de nouveau la meule de longueur à volonté ſur deux pieds de largeur & quatorze ou quinze pouces de hauteur, par conſéquent réduite d'un pied ſur la largeur & augmentée de deux ou trois pouces ſur la hauteur. 6°. Six jours après on prend les galettes de blanc ; on les rompt en morceaux de trois ou quatre pouces; sur les côtés de la meule on place un rang de ces morceaux de blanc à un pied de distance l'un de l'autre & à huit ou neuf pouces au-dessus du sol sur lequel est établie la meule. On enfonce la main dans le flanc de la meule à chaque place, pour faire une petite ouverture; on y insinue un morceau de blanc de façon qu'il ne soit qu'à fleur des fumiers, & non pas enfoncé fort avant.

[Quelques Jardiniers placent un second rang de morceaux de blanc, en échiquier, aux mêmes distances & à un pied au-dessus du premier, c'est-à-dire, environ quatre pouces de la surface de la meule, avec l'attention, en faisant les places, de ne pas rompre ni déranger les bords de la surface. Souvent les meules font appliquées contre des murs, alors on ne peut larder de blanc que leur côté découvert : cela suffit.] Aussi-tôt que la meule est lardée de blanc, on remet sur toute sa superficie environ un tiers du fumier resté lorsque la meule a été remaniée, & on la dresse en dos de bahu : cela s'appelle *remonter la meule*. 7°. Deux ou trois jours après, lorsque le blanc est bien attaché, il faut battre tout le pourtour de la meule avec le dos d'une pelle, afin de comprimer, mastiquer & incorporer le blanc avec les fumiers, arracher avec la main toutes les pailles longues qui débordent la meule ; ce qu'on appelle *peigner la meule ;* enfuite couvrir toute fa fuperficie d'un pouce de terre (mêlée d'une moitié de terreau ou de fable, fi elle eft forte ;) jetter par-deffus environ trois pouces de fumier neuf, excepté fur la partie la plus élevée, qu'il ne faut couvrir que légérement. 8°. Huit jours après, ajouter autant de fumier neuf, avec la même attention pour la partie fupérieure de la meule. 9°. Huit jours après retirer toute la couverture ; nettoyer toute la fuperficie de la meule des pailles & menues ordures du fumier ; enfuite choifir ce qu'il y a de plus long dans le refte du fumier retiré, en poudrer la meule, c'eft-à-dire , en faire une couverture très-mince (d'environ un doigt,) qu'on nomme *la chemife*, & l'arranger de façon que les grandes pluies coulent deffus & ne puiffent pénétrer dans la meule ; ajouter par-deffus cette petite couverture environ trois pouces de fumier neuf qu'on aura laiffé reffuyer en tas pendant huit jours ; enfin rejetter encore fur ce fumier neuf le refte des vieux fumiers remaniés , avec l'attention de ne pas trop charger le deffus. 10°. Quinze jours après on découvre la meule jufqu'à la chemife exclufivement pour reconnoître fon état ; fi l'on commence à appercevoir quelques Champignons naiffans, on marque avec des baguettes tous les endrois où ils s'en montre ; enfuite on recouvre bien la meule avec les mêmes fumiers & de la même façon qu'elle l'étoit ; & trois ou quatre jours après on vient recueillir dans les places marquées ce qui s'y trouve de bons Champignons, sans découvrir la meule. 11°. Quatre autres jours après on la découvre comme il vient d'être dit ; & si les Champignons ne paroissent encore que par places, on les marque, on recouvre & on revient trois ou quatre jours après. Mais si elle se trouve disposée à produire par-tout également, on rejette les marques, on la recouvre, & trois jours après on vient faire récolte ; aussi-tôt on recouvre la meule, & on continue ainsi tous les trois jours pendant deux ou trois mois. Dans le tems des grandes chaleurs il faut tous les jours, ou au moins tous les deux jours donner une légere mouillure, comme nous avons dit en traitant des couches. Dans les tems froids il ne faut recueillir que tous les quatre ou cinq jours ; & dans les gelées, augmenter les couvertures de grands fumiers secs en proportion du degré du froid, pour entretenir dans la meule une chaleur douce. L'hiver n'est pas une saison moins à craindre pour ce végétal que pour les plantes potageres. Toute la vigilance d'un Jardinier est nécessaire contre les variations fréquentes & subites de la température. Il aura différé quelques heures de charger les couvertures ; le froid pénetre la meule & la perd.

L'air devient tout-d'un-coup tempéré; il n'aura pas été affez prompt à décharger les couvertures, la meule s'échauffe trop, tout le fruit périt, s'il n'arrive à tems pour découvrir la fuperficie de place en place, & faire évaporer la grande chaleur. Cet accident arrive quelquefois dans le cours des préparations de la meule ; c'eft pourquoi il eft à propos de la fonder de tems en tems, & d'ufer de ce remede , fi elle prend trop de chaleur.

Dans l'été le tonnerre & les éclairs font périr tous les Champignons naiffants. Il faut alors découvrir la meule, remanier la chemife & la terre dont elle eft goptée, en retirer tout ce qui eft gâté; quelques jours après elle recommence à produire.

Lorfqu'on recueille des grouppes ou rochers de Champignons, il faut fur le champ remplir les creux ou vuides qu'ils laiffent fur la meule avec de la terre préparée à portée, ou ramaffée au pied de la meule.

Pour épargner tous ces foins & éviter les accidens contre lefquels fouvent ils font infuffifans, on préfere d'établir les meules dans des caves. Elles s'y préparent comme en plein air; mais lorfqu'elles font goptées de terre , elles n'ont befoin ni de chemife, ni de couvertures , ni d'aucun foin, pourvu qu'on ferme bien les portes & qu'on bouche les foupiraux pour interdire l'entrée à l'air. Environ un mois après elles com-

mencent à donner. Lorfque la terre devient trop
féche, on mouille légérement après avoir cueilli
les Champignons. Dans des bâtimens couverts,
des ferres à légumes, &c. qui n'ont pas la température des caves, & qui ne peuvent fe fermer
auffi exactement, les meules exigent toutes les
mêmes façons qu'en plein air, mais elles y courent moins de dangers.

Une meule à Champignons ceffant de produire,
on la détruit ; on fépare le blanc, que l'on conferve féchement. Les débris de la meule peuvent
s'employer aux mêmes ufages que ceux des couches ordinaires.

J'obferverai que le fumier des chevaux qui ne
vivent que de paille & d'avoine, eft très-propre
pour les couches & meules à Champignons ; que
celui des chevaux de labour, & autres qui ne
mangent que du foin & de l'avoine, ou du fon,
ou des féveroles, n'y vaut rien ; que celui des
chevaux de Fiacres y eft bon, quoiqu'ils mangent du foin, parce qu'ils mangent beaucoup
d'avoine, & qu'on renouvelle rarement leur
litiere ; enfin que lorfqu'on entaffe le fumier
deftiné aux couches ou aux meules, il faut en
rejetter tout le foin qui s'y trouve.

XIX. CHERVIS.

CHERVIS, Cherui, Chirouis, Girolles, *Sifa-rum Germanorum*. C. B. Dans un terrein léger & frais, ou même un peu humide, la racine du Chervis, qui eſt ſa ſeule partie employée dans la cuiſine, acquiert de ſix à huit pouces de longueur ſur quatre ou ſix lignes de diametre ; elle eſt blanche, couverte d'une pellicule un peu rouſsâtre, garnie de quelques racines chevelues. Les feuilles, d'un vert clair, ſont larges, aîlées, compoſées de trois à ſept folioles oblongues, pointues par les extrémités & dentelées légérement & réguliérement ; la queue des feuilles eſt cylindrique, creuſée d'un petit ſillon. La même année que la plante a été ſemée elle pouſſe une tige cannelée, moëlleuſe, branchue, qui s'éleveroit à deux ou trois pieds ; mais on la coupe au plus tard lorſqu'elle commence à fleurir, parce qu'elle empêche la racine de profiter, & que ſa graine n'eſt pas bonne à ſemer. La ſeconde année elle en pouſſe une qui s'éleve à cinq ou ſix pieds, & qui ſe termine, ainſi que ſes branches, par un paraſol ou une ombelle enveloppée de cinq à ſix feuilles médiocres. Chaque rayon de cette ombelle porte une petite ombelle enveloppée d'un égal nombre de petites feuilles & garnie de petites

fleurs

fleurs compofées de cinq pétales blancs, taillés en cœur, de cinq étamines, de deux ftyles portés par un embryon qui fe change en deux graines grifes, ovoïdes, plates, ftriées, qui fe confer-vent bonnes deux ou trois ans.

Culture. Au mois de Mars on feme la graine à la volée ou par rayons en terre bien labourée. (Si elle eft féche ou pierreufe les racines demeureront petites, dures, ligneufes.) On ne farcle le plant que lorfqu'il a acquis quelque force, afin de laiffer dans les mauvaifes herbes de la pâture aux infectes qui le dévoreroient ; on l'éclaircit en même-tems, s'il en a befoin, & on l'arrofe fouvent. Quel-ques-uns ne coupent les tiges de la premiere année que quand elles font féches, & prétendent qu'elles ne font aucun tort aux racines. Quoique cette racine ne craigne point les gelées ; cependant il faut en arracher & mettre dans la ferre la quan-tité qu'on veut confommer pendant l'hiver. A mefure que l'on confomme les racines, fi l'on en coupe les têtes, fi on les met à part, & qu'on les replante en Mars, elles renouvellent très-bien la plante. Le goût fucré & doux, jufqu'à la fadeur, de cette racine, lui procure peu de partifans.

XX. CHICORÉE.

1. CHICORÉE de Meaux, *Cichorium multo folio crifpo, maximo, Meldenfe*. La groffe racine, ou le pivot, eft longue de fept à huit pouces, très-garnie de chevelu & laiteufe. Les feuilles font nombreufes, d'un beau vert; leur côte ou groffe nervure eft large, applatie, nue ou prefque nue jufqu'à un pouce ou dix-huit lignes de fa naiffance; elles font aîlées ou découpées très-profondément; les aîles ou découpures font dentelées ou découpées inégalement & profondément, & ces découpures fe contournant en divers fens, rendent les bords de la feuille crépus, crifpés ou frifés. Les premieres aîles ou découpures ne font que comme de petites appendices, les unes fimples, les autres découpées ou frangées; elles font plus grandes à mefure qu'elles s'éloignent de la naiffance de la feuille, qui s'élargit auffi fucceffivement, de forte que vers fon extrémité elle a de dix à quinze lignes, non comprifes les découpures; la longueur des feuilles eft de fix jufqu'à neuf pouces. Mais leur longueur & leur largeur font d'autant moindres qu'elles naiffent plus près du cœur de la plante. Toutes les feuilles prennent une direction horizontale & fe couchent fur la terre. Du centre de la

plante s'éleve à cinq ou six pieds une tige assez grosse, creuse en dedans, cannelée, de laquelle sorte dans un ordre alterne des rameaux, longs, souples & se soutenant mal, garnis d'un grand nombre de feuilles alternes qui diminuent d'étendue à mesure qu'elles naissent plus près de l'extrémité de la tige ou des rameaux. De l'aisselle de ces feuilles sortent des fleurs bleues, solitaires, composées de demi-fleurons découpés en cinq dents ou parties, renfermant trois ou cinq étamines & un style, & portés chacun sur un embryon qui se change en graine menue, alongée, pointue par un bout, applatie par l'autre, grise, dentelée autour; sans aigrette. Elle mûrit en Novembre & se conserve bonne à semer pendant dix à douze ans. Elle vaut mieux de deux ou trois ans que plus nouvelle. Tous ces demi-fleurons sont renfermés dans une enveloppe imbriquée à petites feuilles unies & réfléchies.

2. GROSSE CHICORÉE frisée, Chicorée de la grosse espece, *Cichorium plurimo folio crispo, majore*. Les feuilles de cette variété sont un peu moins grandes que celles de la précédente, mais elles sont encore plus nombreuses. Étant un peu dure & amere, elle se mange rarement crue.

3. CHICORÉE courte, ou Célestine, *Cichorium brevi folio crispo*. Cette Chicorée est petite, mais

tendre, douce, & bien garnie de feuilles, si on ne lui épargne pas les arrosements.

4. CHICORÉE fine, Chicorée fine d'Italie, *Cichorium brevi folio crispo, tenui.* Elle ne differe de la courte que par ses feuilles qui sont plus déliées, & parce qu'elle est moins hâtive.

5. RÉGENCE, *Cichorium brevi folio crispo, tenuissimo.* Si les feuilles de cette Chicorée sont plus petites, plus fines & plus déliées que celles de toutes les précédentes, & par conséquent moins profitables, elles sont plus tendres, plus douces & plus blanches, qualités qui peuvent bien balancer les défauts.

6. GRANDE SCARIOLE, *Cichorium latifolium majus.* La Scariole est une espece de Chicorée qui differe beaucoup des Chicorées frisées, par sa feuille, qui est longue de huit ou neuf pouces, étroite du côté de sa naissance, s'élargissant presque réguliérement vers l'autre extrémité, où sa plus grande largeur est de quatre à cinq pouces. Elle se creuse en bateau, & se fronce un peu sur sa grosse arrête qui est fort large. Ses bords sont dentelés ou bretessés très-peu profondément & presque réguliérement. Les feuilles de la grande Scariole, qui sont nombreuses, tendres & douces, approchent beaucoup de celles de la Laitue-Romaine par leur grandeur, leur forme & leur étoffe. Ses autres caracteres

font les mêmes que ceux des Chicorées frifées.

7 PETITE SCARIOLE, *Cichorium latifolium minus.*
La petite Scariole ne fe diftingue de la grande que
par fes feuilles, qui font beaucoup moindres dans
toutes leurs dimenfions, plus tendres, & dentelées plus profondément, prefque découpées.

8. CHICORÉE fauvage, *Cichorium fylveftre.* L'u-
fage de cette plante, fréquent en médecine & falu-
bre en aliment, l'a fait tranfporter des champs
dans les Potagers. Ses feuilles y deviennent beaucoup plus longues que celles de toutes les autres
Chicorées, plus larges que celles des Chicorées
frifées, & moins larges que celles des Scarioles;
elles font d'un vert foncé, d'une étoffe mince,
mais ferme, dentelées ou découpées groffiérement
& profondément. Elle a une variété dont les feuilles font veinées de rouge, & la côte teinte de cette
couleur. (*Cichorium fylveftre è rubro variegatum,*
Chicorée fauvage panachée). Ce rouge, qui devient vif lorfqu'on fait blanchir cette Chicorée
pour les falades, la rendant agréable à la vue, on
la cultive par préférence à l'autre. Elle eft fort fujette à dégénérer.

Culture I. Dès le mois de Janvier on peut femer
de la Chicorée fous cloches ou chaffis. Lorfque le
plant a deux feuilles bien formées outre les cotyledons ou feuilles feminales, le repiquer plus au

large fur d'autres couches, & le laiffer s'y fortifier.
Au mois de Mars bien labourer, ameublir & ter-
rauter une plate-bande d'efpalier au Midi, ou autre
terrein bien expofé & abrité; y piquer le plant à
neuf ou dix pouces de diftance en tout fens, l'arrofer auffi-tôt; environ trois femaines après le ferfouir; lier & faire blanchir lorfqu'il a acquis la
force convenable.

II. En Février on peut faire un fecond femis fur
le bout de quelque couche, ou même en pleine
terre bien expofée & abritée, avec l'attention de
le défendre des dernieres rigueurs de l'hiver. Il
faut femer fort clair, ou éclaircir le plant, afin qu'il
puiffe acquérir dans la même place la force néceffaire pour être repiqué en planches, dans lefquelles
on l'efpacera à dix ou douze pouces, parce que la
Chicorée de cette feconde femence prendra plus
d'étendue que celle de la premiere.

III. On peut faire d'autres femis en pleine terre
à toute expofition dans les mois fuivants, jufqu'à
la fin d'Août. Mais j'obferverai, 1°. que la Chicorée courte eft plus propre au premier femis, parce qu'elle réuffit bien fur couche, & qu'elle acquiert toute fa grandeur plus promptement que
les autres. Elle peut fe cultiver jufqu'à l'automne,
étant peu fujette à monter, pourvu qu'elle foit
arrofée pendant les mois de chaleur & de féchereffe.

2°. La Régence peut se semer & se cultiver dans les mêmes tems & jusqu'au même terme que la précédente, préférablement eu égard à sa bonté, mais un peu moins avantageusement à cause de sa petitesse, & parce qu'elle est sujette pendant l'été à se moucheter & à pourrir dans le cœur. 3°. La Fine d'Italie convient également aux mêmes saisons, mais sa végétation est un peu plus lente. 4°. La grosse espece étant dure & sujette à monter pendant l'été, elle n'est propre que pour l'automne & l'hiver ; par conséquent il n'en faut semer que depuis le 15 Juin jusqu'au 15 Août ; la mouiller souvent. 5°. La Scariole montant aisément pendant l'été, elle convient mieux pour l'automne & l'hiver que pour les autres saisons ; il faut avoir soin de la couvrir dans les gelées, & sur-tout dans les tems de pluie, qui la font moucheter. 6°. La Chicorée de Meaux peut seule tenir lieu de toutes les autres Chicorées frisées, étant plus profitable, & également bonne crue & cuite ; mais il faut l'arro‑ ser très-peu, & même la défendre, s'il est possible, des grandes & des fréquentes pluies d'été qui la font monter : elle veut être souvent serfouie. Quoi‑ qu'on n'ait coutume de la semer que depuis le mois de Mai jusqu'à la fin d'Août, on peut en semer dès Janvier. Si l'on en jouit un peu plus tard que de la Courte & de la Régence, on jouit plus abondam‑ ment.

J'ajoute quelques autres obfervations. 1°. L'efpece de Chicorée & la faifon décident la diftance à laquelle elle doit être plantée. Dans l'été dix ou douze pouces font un efpace fuffifant pour les petites efpeces ; quatorze ou quinze pouces ne font pas une trop grande diftance pour la Groffe frifée, la Meaux & la Scariole. 2°. Un grand nombre de Jardiniers font fcrupuleufement attentifs à ne jamais femer ni planter de Chicorée que le vent ne foit au Midi ou au Levant, affurant que cette pratique, plus fondée en expérience qu'en raifon, eft fort importante pour empêcher la Chicorée de monter. Je ne fais fi l'ignorance où j'ai long-tems été fur ce point de culture m'a été préjudiciable. 3°. Quinze jours ou trois femaines avant de planter la Chicorée, fur-tout des premiers femis, ils coupent à fleur de terre toutes les feuilles du plant, afin, difent-ils, qu'il fe fortifie du pied ; je me perfuade difficilement que ce retranchement puiffe augmenter la force du plant. 4°. En plantant la Chicorée ils coupent la moitié des feuilles & de la racine. Sans doute ils ont reconnu dans cette plante un goût bien décidé pour les mutilations. Cependant la fuppreffion des feuilles extérieures peut être raifonnable ; parce que ces feuilles déjà dures le deviennent bien davantage par la tranfplantation qui les fait languir & fouffrir, quelquefois même périr.

Quoi qu’il en soit de ces pratiques que quelques Cultivateurs ne regardent pas comme des loix rigoureuses, on peut planter de la Chicorée dans les terres meubles & légeres jusqu’à la fin de Septembre, & dans les terreins forts & humides, jusqu’à la fin d’Août seulement. Aussi-tôt qu’elle est plantée il faut lui donner une bonne mouillure. Dans la suite elle n’a besoin que d’être serfouie, & arrosée plus ou moins fréquemment, suivant son espece & la température de la saison.

Lorsque la Chicorée a pris toute sa croissance & qu’on veut la faire blanchir ; par un tems sec on releve toutes les feuilles de chaque pied, & on les serre d’un seul lien vers le bas (ce lien est un brin de paille ou de jonc). On les laisse dans cet état pendant huit on dix jours, pour que les feuilles du centre s’alongent & profitent encore. Alors on place un second lien vers l’extrémité des feuilles, & un troisieme au milieu, si la Chicoreé est de grande espece ou d’une grande venue, afin que les feuilles du centre ne puissent pas percer par les côtés & jouir de l’air. Environ trois semaines après, la Chicorée sera blanche & bonne à être employée. Si depuis qu’elle est liée jusqu’à ce qu’on la coupe elle a besoin d’être mouillée, il ne faut pas se servir de l’arrosoir à criblet, mais de celui à goulot, & verser l’eau au pied de la Chicorée, de peur qu’il n'en entre dedans , ce qui la feroit pourrir.

Au lieu de lier la Chicorée, on peut l'arracher , & la planter ou piquer au gros plantoir jufque vers l'extrémité des feuilles, chaque pied fort près l'un de l'autre, dans une planche de terre féche, ou mieux dans une vieille couche; elle y blanchit plus promptement.

On peut encore, fuivant la pratique de bien des Jardiniers, la couvrir de litiere, fans la lier, mais fouvent elle contracte le goût de cette litiere, & pourrit deffous, lorfqu'il furvient des pluies un peu confidérables ou continues. Cependant on peut la traiter ainfi dans l'arriere-faifon : cette couverture la fait blanchir en peu de tems, & la défend des premieres gelées. Mais fi elle eft liée, elle contracte moins de goût fous la litiere, s'y conferve mieux & plus propre.

Quant à la Chicorée que l'on veut conferver pour l'hiver, il faut la défendre des premiers froids avec des couvertures de paille neuve : lorfqu'enfin elles deviennent infuffifantes, lever la Chicorée en motte dans un tems beau & fec; la nettoyer de toute ordure & pourriture ; la porter dans une ferre qui, fans être chaude, puiffe feulement la préferver de la gelée; l'y planter dans du fable frais, fans être humide, à la même profondeur à laquelle elle étoit plantée en terre : à mefure que l'on veut en faire blanchir, on rassemble & on serre avec la main toutes les feuilles de chaque pied comme pour le lier, on le butte de sable ou on l'enfonce dans le sable jusqu'à l'extrémité des feuilles ; on laisse les autres en liberté, & on donne de l'air à la serre toutes les fois qu'on le peut sans danger.

Au défaut de serre, on peut, comme il est dit ci-devant, replanter près l'un de l'autre tous les pieds de Chicorée jusqu'à l'extrémité des feuilles, en terre séche, & les défendre des gelées & des pluies avec de la litiere & des paillassons inclinés, qu'il faut ôter & remettre suivant la température. Mais malgré tous les soins de manier, secouer, changer, &c. ces couvertures, souvent la pluie, la neige, le froid pénetrent & ruinent la Chicorée.

Dans les années froides & humides, la graine de la Chicorée des premiers semis parvient rarement & difficilement à maturité. Pour s'assurer d'en recueillir de bonne, il faut planter quelques pieds de celle des dernieres semences contre un mur exposé au Midi, & les couvrir avec foin pendant les grands froids; ou bien les planter dans des pots, caisses ou baquets, les conserver dans la serre, & les remettre en pleine terre au printems. Ces pieds ayant une grande avance donneront leur graine de bonne heure.

IV. La Chicorée sauvage se seme sur couche dès

le mois de Janvier ; en pleine terre meuble &
légere, vers la fin d'Avril; en terre forte , vers la
mi-Mai. Si elle eſt deſtinée à être conſommée jeune,
on la ſeme fort dru, ſoit à la volée, ſoit en rayon :
ſi non, il faut la ſemer fort clair, ou l'éclaircir, ou
la repiquer en planches à dix ou douze pouces. Elle
n'exige que quelques ſerfouiſſages & quelques arroſemens. Pour la faire blanchir, on en arrache
ſucceſſivement & en quantité convenable depuis
la fin d'Octobre juſqu'à la fin de Décembre (elle ne
craint que les très-fortes gelées); on la replante
par rayons fort ſerrés dans une cave chaude, après
en avoir coupé toutes les feuilles. [D'autres l'arrachent toute en même tems, la raſſemblent ſur
le terrein en petits tas , qu'ils couvrent de fumier
ſec ; à meſure qu'ils veulent en faire blanchir, ils
en prennent la quantité convenable, lui coupent
les feuilles & la plantent dans une couche de fumier chaud , épaiſſe d'un pied, qu'ils dreſſent dans
une cave] Bientôt elle pouſſe de nouvelles feuilles
qui ſont blanches & tendres : on peut les couper
environ un mois après ; elle en repouſſe d'autres
ſucceſſivement pendant tout l'hiver. Je ſupprime
pluſieurs autres moyens de la faire blanchir. Si l'on
en laiſſe quelques pieds en terre pendant l'hiver,
ils pouſſent leur tige au printems & donnent leur
graine en Septembre.

XXI. C H O U.

Il y a trois claſſes ou eſpeces principales de Chou, diſtinguées par leurs productions utiles. L'une donne un grouppe de tiges & des rameaux courts, épais & tendres, terminés par un aſſemblage ou une ombelle de grains blancs, mamélons, boutons ou germes de fleurs ; le tout formant un corps arrondi & aſſez ferme : on la nomme *Chou-fleur*. La ſeconde donne une tête, pomme, ou maſſe arrondie & ferme, compoſée de feuilles ſerrées, appliquées & rangées en recouvrement les unes ſur les autres : elle ſe nomme *Chou-pomme*. La troiſieme contient diverſes ſortes de Choux.

I. Choux-pomme.

1. CHOU-POMME commun, Chou cabu, *Braſſica capitata vulgaris. Braſſica capitata alba*. B. C. Je donne la premiere place à ce Chou-pomme, parce qu'il eſt le plus ou un des plus anciennement connus ; qu'il eſt le plus commun dans les Jardins ; & qu'étant plus ſujet qu'aucun autre à varier de forme, de groſſeur, de hauteur, de goût, de couleur, &c. la plupart des autres pourroient bien n'être que des variétés de celui-ci améliorées ou dégénérées. Sa tige eſt groſſe & courte ; elle n'eſt garnie que d'un

petit nombre des feuilles, qui font d'un vert mêlé
de bleu ou de violet, larges, arrondies, froncées
& comme découpées par les bords, portées par des
queues courtes; leurs nervures, & fur-tout la groſſe
côte, font blanchâtres. (Les feuilles de tous les
Choux font diſpoſées fur la tige dans un ordre circulaire ou fpiral). Sa tête eſt large & applatie à fon
fommet; fes feuilles extérieures font marquées de
quelques traits rouges. Elle eſt ferme, compacte,
& tellement pleine, que fouvent les feuilles conti-
nuant à fe multipier au centre, & n'ayant plus de
place, font fendre & ouvrent la pomme, qui étant
pénétrée par les pluies, fe pourrit en peu de tems.
Pour prévenir cet accident, lorſque la pomme eſt
parvenue à fa groſſeur & bien formée, il faut d'a-
bord arracher les Choux à motié. Une partie des
racines étant rompue, & l'autre dérangée, la force
de la végétation fe modere: mais quelque tems après
elle reprend & produiroit encore le même effet.
Alors on les arrache; on retranche toutes les feuilles
des tiges, & celles qui ne font par ferrées & appliquées fur la pomme; on couche fur terre chaque
pied, l'un fort près de l'autre, la tête tournée au
Nord, dans un lieu abrité du foleil & expoſé au
Couchant, ou mieux au Nord; on jette un peu de
terre fur les racines; on fait un fecond rang, diſ-
poſé de façon que les têtes foient poſées fur ou

contre les racines recouvertes du premier rang ; on place de la même façon un troisieme ou plusieurs autres rangs. Dans les fortes gelés on les couvre de grande litiere féche, qu'on retire au dégel & dans tous les tems doux. Dans cet état ils se conservent long-tems. On est obligé de faire le même traitement (excepté les couvertures) à ceux qui pomment en Juillet, Août & Septembre, pour prévenir les fentes & la rupture de leurs têtes.

Pour en recueillir de la graine on replante en Mars quelques-uns des pieds qui se sont le mieux conservés pendant l'hiver. La tige s'alongeant se fait un passage au travers de la pomme qui s'entr'ouvre ou qu'on est quelquefois obligé de fendre en croix, & dont la plupart des feuilles se dessèche & tombe peu après. Cette tige pousse un grand nombre de rameaux qui se garnissent de fleurs portées par un pédicule délié & rangées dans le même ordre que les feuilles sur la tige. La fleur est composée d'un calice droit & alongé, à quatre divisions ou feuilles; de quatre pétales jaunes, attachés au réceptacle du calice par des onglets fort longs & déliés ; ils s'étendent horizontalement par leur partie supérieure, font un angle presque droit avec le calice, & font opposés deux à deux en croix; de six étamines, dont quatre plus longues & égales entr'elles, & deux plus courtes; d'un pistil qui se change en une filique longue, menue, cylindrique, divifée fui-vant fa longueur par une cloifon, & contenant deux rangs de graines fphériques au nombre de dix à vingt, qui fe confervent bonnes à femer pendant huit ou dix ans.

Auffi-tôt que les premieres filiques commencent à s'ouvrir il faut couper les tiges, les expofer au foleil jufqu'à ce qu'elles foient defféchées. Il eft bon de recueillir féparément la graine de la tige du milieu, qui donne le plant plus beau, plus franc & plus hâtif; enfuite celle des premieres filiques des branches, & enfin celle des fommi-tés, qui produit ordinairement un plant chétif & dégénéré. Cette attention eft intéreffante pour tous les Choux-pomme.

Le Chou-pomme commun fe feme en Août à l'ombre. En Octobre on repique le plant pareille-ment à l'ombre de quelque mur ou paliffade, à trois ou quatre pouces de diftance en tout fens. Dans les fortes gelées il faut le couvrir de grande litiere, coffas de pois, ou autre matiere propre à cet ufage, jettée fur un treillag de gaulettes pofé hori-zontalement un peu plus haut que la fuperficie du plant, de forte que les couvertures & les feuilles du plant ne fe touchent pas. On doit prévenir la gelée pour le couvrir, ou attendre que le foleil l'ait dégelé. On le plante en Mars à deux pieds &

demi

demi ou trois pieds d'intervalle en tout fens; il eft bon en Août. Il fe feme auffi en Mars ; fe plante lorfque le plant a acquis une force fuffifante, & fait fa tête en Septembre. Celui-ci eft d'ufage juf-qu'à la fin de Décembre : l'autre finit avant l'hiver.

Si le *Chou blanc de Strasbourg* eft autre que le Chou-pomme commun vrai, franc & parfait ; il n'en eft diftingué que par la groffeur de fa pomme, dont le poids paffe quelquefois trente livres ; diffé-rence qui peut ne provenir que de la bonté, des améliorations & préparations du terrein , & de la graine bien franche & recueillie avec les attentions marquées ci-devant. Il fe feme & fe cultive de la même façon & dans les mêmes tems. Depuis quel-que tems on cultive un autre *Chou de Strasbourg*, qui eft plus gros , & dont les côtes des feuilles font violettes.

Le *Chou de Saint-Denis* ou *d'Aubervilliers* forme une pomme bien ferme & blanche, d'une belle groffeur, un peu pointue à fon fommet, portée par une tige fort haute & garnie d'un grand nombre de feuilles d'un vert foncé. Ce font les feules diffé-rences qui puiffent le dinftinguer du commun. Il fe feme & fe cultive de même & dans les mêmes fai-fons, & n'eft pareillement d'ufage que depuis le mois d'Août jufqu'à la fin de Décembre.

2. CHOU-POMME blanchâtif, Chou de Bonneuil,

Braffica capitata alba præcox. La tige de ce Chou eft courte ; fes feuilles font grandes, rondes, d'un vert mêlé de bleu : fa pomme eft de groffeur médiocre, un peu applatie par le fommet, ferme & ferrée ; elle fe conferve long-tems fans s'ouvrir ni fe pourrir. On le feme fur couche en Janvier ; foigné à propos & planté à deux pieds de diftance l'un de l'autre, lorfqu'il a acquis la force néceffaire, il eft bon vers la fin de Juin. On peut (on doit pour en recueillir de la graine) en femer en Août ; le repiquer en Octobre, le défendre des gelées, le planter en Mars, &c. comme le Chou-pomme commun ; il ne fera pas plus hâtif que celui qu'on feme en Janvier.

On cultive & on eftime davantage fa variété, dont la pomme eft alongée.

3. Petit Chou-pomme frifé précoce, *Braffica capitata crifpa, præcox.* La tige de ce Chou eft fort courte ; fes feueilles font d'un vert clair, froncées & frifées par les bords, fa tête eft ferme, blanche, très-petite ; de forte que fa précocité eft fon principal mérite. Il fe feme & fe cultive comme le Chou de Bonneuil, qui eft moins hâtif d'environ deux mois ; étant planté à la fin de Mars, fa pomme eft formée au commencement de Mai, fix femaines après fa plantation. Il eft tendre & fort bon ; mais étant de peu de profit, on ne le trouve que dans les

Jardins des Curieux, & des Amateurs de ce légume.

On fait grand cas d’un autre petit Chou aussi précoce, nommé *Chou pointu d’Angleterre*, ou *Chou pain-de-sucre*, dont la tête est alongée, de forme presque conique. Il est préféré à tous les autres par ceux qui n’aiment pas le goût de Chou. Il se seme du 15 Août au 15 Septembre ; se repique, pour passer l’hiver en pépiniere dans une platebande d’espalier, ou dans un terrein abrité ; se plante en Février ou Mars, & forme sa tête dans le commencement de Mai.

Je ne parle point du gros Chou d’Allemagne que je ne connois que par autrui. Malgré la grosseur prodigieuse de sa pomme , qu’on dit péser cent livres, je ne sais si ces qualités très-médiocres doivent faire regretter de ne le pas voir dans nos Jardins. J’omets aussi plusieurs autres Choux-pomme qui font peu d’usage dans la cuisine, ou qui ne font que des variétés dégénérées, ou dont le nom fait le seul caractere distinctif, tels font le Chou-pomme rouge, le Chou-pomme à plusieurs têtes , &c.

Cependant le Chou-pomme rouge a ses Amateurs. S’il n’est point dégénéré, il a la tige courte, & ses feuilles font a-peu-près de même grandeur que celles du Chou de Saint-Denis, avec la côte d’un violet foncé. Sa pomme est grosse, & ses feuilles d’un rouge sanguin, ont la côte teinte de rouge plus foncé.

4. CHOU-POMME de Milan, *Braſſica capitata crſpa*, *flore albo*, *Mediolanenſis*. Le Chou de Milan eſt ſans contredit le meilleur de tous les Choux-pomme, & le ſeul qui ſe cultive dans beaucoup de Jardins. On en diſtingue pluſieurs variétés, dont les principales ſont,

1°. *Le gros Chou de Milan* ou *Chou de Milan à groſſe tête*. Sa tige eſt longue & très-garnie de feuilles d'un vert foncé, groſſierement friſées; ſa tête eſt groſſe & ferme. Semé en Août & repiqué en pépiniere en Octobre, le jeune plant ſupporte aiſément l'hiver. On le replante en Mars, & ſa tête eſt formée au commencement de Juillet. Il ſe ſeme auſſi en Mass & Avril, pour fournir pendant l'hiver, qui l'attendrit, & dont il craint peu les rigueurs.

2°. *Le petit Chou de Milan.* Sa tige eſt courte, bien garnie de feuilles très-friſées & d'un beau vert. Sa tête eſt ferme, de groſſeur environ moitié moindre que celle du précédent, fort ſujette à ſe fendre, & un peu ſenſible à la gelée, dont elle n'a pas beſoin pour être tendre. Il eſt néceſſaire de l'arracher de bonne heure, tant pour l'empêcher de ſe fendre, que pour le mettre à couvert de la gelée.

3°. *Le Chou friſé court.* Sa tige eſt très-courte & porte des feuilles arrondies, d'un vert mêlé de bleu

frisées & très-cloquetées. Sa tête est très-ferme ,
à-peu-près de même grosseur que celle du petit
Chou de Milan. On peut le semer sur couche en
Février, en pleine terre en Avril , à l'ombre en
Juin, afin d'en jouir la plus grande partie de l'année, avec les précautions marquées pour le Chou-
pomme commun. Il est un peu sensible à la gelée.

4°. *Le Chou frisé pointu* , ou *Chou à tête longue.*
Sa tige assez courte porte des feuilles alongées, d'un
vert clair, très-cloquetées & frisées. Sa tête est
ovale , de la forme d'un œuf, jaune , médiocrement ferme , fort tendte & d'un goût excellent;
mais très difficile à préserver de la gelée. C'est-
pourquoi on peut n'en semer en Juin pour l'hiver ,
qu'afin de recueillir de bonne graine.

La fleur des Choux de Milan est blanche , au lieu
que celle de-tous ou presque tous les autres Choux
de toute espece est jaune.

Culture. 1°. Les Choux veulent un terrein gras ,
substancieux & frais : les terres séches & sablonneuses ne leur conviennent point ; cependant à
force de fumier & d'eau ils y viennent médiocrement. Ils exigent du fumier dans les meilleurs terreins mêmes , tant pour les engraisser que pour y
entretenir la fraîcheur. Ils se plantent diversement.
Les uns , après avoir bien labouré & fumé le terrein, les y piquent à la cheville ; d'autres entr'ou-

vrent la terre avec la béche, plongent la racine du Chou dans cette fente, rapprochent la terre en la plombant avec le pied; d'autres font des tranchées de six à huit pouces de profondeur, y arrangent le plant, recouvrent la racine avec un peu de terre, mettent environ quatre pouces de fumier par-deſſus, & le recouvrent en labourant pour faire la tranchée ſuivante. Les grandes plantations ſe font à la charue. 2º. La diſtance eſt relative à l'eſpece de Chou & à la ſaiſon, de quinze pouces juſqu'à trois pieds. Auſſi-tôt que les Choux ſont plantés, il eſt bon, & ſouvent néceſſaire, de les mouiller. 3º. Le plant trop foible eſt dévoré par les inſectes dans l'état de langueur & de foibleſſe où il eſt pendant quelques jours après la plantation. Le plant trop vieux eſt ſujet à monter ou à demeurer comme noué, parce qu'il y reperce difficilement de nouvelles racines. 4º. Si l'on peut planter par un tems de pluie, le plant reprend auſſi-tot, & ne ſe fannant point, les inſectes ne l'attaquent point. Si au contraire le tems eſt ſec, il faut mouiller auſſi-tôt & renouveller les arroſemens tous les deux jours juſqu'à ce que le plant ſoit bien repris. 5º. Il faut ſerfouir & ſarcler exactement les jeunes plantations de Choux. 6º. Si quelque pied meurt ou à l'œil défectueux, il faut le remplacer. 7º. De quelque façon que l'on plante les Choux, l'œil doit être à fleur du terrein, plutôt un peu enterré qu'élevé au-deſſus. 8°. Les Jardiniers aſſurent être fondés ſur l'expérience à ne jamais ſemer ni planter de Choux, lorſque le vent n'eſt pas au Midi ou au Levant. Ces obſervations regardent toute eſpece de Chou, excepté le Chou-fleur qui a ſa culture particuliere.

II. Choux divers.

1. CHOU vert, Chou vert à la groſſe côte, *Braſſica hortenſis folio viridi.* La tige de ce Chou s'éleve peu ; elle eſt garnie de feuilles rondes , unies, épaiſſes, d'un vert aſſez foncé ; leur côte ou arrête eſt groſſe, blanche, pleine & tendre. Il ſe ſeme à la fin de Juin , ſe plante en Août (juſqu'à la mi-Septembre dans les terres légeres). Pour l'employer il faut qu'il ait été attendri par les gelées ; plus il en a ſouffert , plus il eſt tendre & bon. Ses feuilles ne ſont jamais meilleures à cueillir que lorſqu'elles ſont couvertes de gelée. Si on le plante de bonne heure, il forme quelquefois une petite pomme ; mais comme elle eſt bien inférieure en bonté aux feuilles , il n'eſt pas avantageux de l'avancer.

2. CHOU blond à groſſe coté, *Braſſica hortenſis folio è viridi flavo.* C'eſt une variété du précédent , qui n'en differe que par la couleur de ſes feuilles, qui ſont d'un vert fort jaune. Il eſt beaucoup plus tendre & plus délicat. Quelques petites gelées.

suffifent pour le rendre excellent. Il ne fupporte pas les grandes. Pour en recueillir de la graine, il faut en défendre quelques pieds des fortes gelées, foit en les couvrant, foit en les portant dans une ferre.

3. CHOU pancalier, Chou vert frifé, *Braffica hortenfis crifpo folio viridi.* Le Chou pancalier a la feuille verte, froncée & frifée par les bords; la côte eft très-groffe, tendre & comeftible comme celle des Choux à groffe côte. Il fait ordinairement une très-petite pomme. Il fe feme en Mai, & fe confomme pendant l'hiver, dont les neiges & les gelées l'attendriffent fans l'endommager. Ce Chou & les deux précédents paroiffent être des variétés dégénérées de quelques Choux-pemme, ou une efpece mitoyenne entre les Choux-pomme & plu-fieurs variétés de Choux, tant fauvages que cultivés, qui ne forment aucune pomme, & dont les uns n'étant d'aucun ufage en aliment, tel que le *Colfa*, le *Chou rouge* le *Chou perfeuillé*, &c. Les autres fe cultivent plus pour la nourriture des animaux que pour celle des hommes; tel eft le grand *Chou vert*, dont la tige affez menue s'éleve jufqu'à fix pieds; fes feuilles grandes, mais peu épaiffes, plates ou très-peu froncées par les bords, font por-tées par des queues longues de trois ou quatre pou-ces, menues, prefque cylindriques, dont l'exten-fion forme une côte maigre & fort dure. Pendant

l'été on cueille ces feuilles à mesure qu'elles ont
acquis toute leur grandeur, pour nourrir les bes-
tiaux. Le peuple hache fort menu les feuilles les
moins dures avec de l'Oseille, de la Poirée & autres
herbes pour mettre dans le potage. Dans l'hiver les
feuilles étant attendries par les gelées, ne sont pas
désagréables à manger ; on les serre dans une main,
avec l'autre on tire & on arrache la queue & la
côte, ensuite on les rompt en pieces en les tordant.

4. CHOU-RAVE, Chou de Siam, *Brassica rapacea. Brassica caule tuberoso.* La tige de cette plante,
qui tient plus de la Rave que du Chou, s'enfle,
& devient une pomme ou tubercule ronde un peu
applatie, d'environ quatre pouces de diametre,
de la même cosistance qu'une Rave, blanche en
dedans, teinte légérement de quelques traits rouges
en dehors, couronnée immédiatement par un
bouquet ou grouppe de feuilles aîlées ou découpées
comme celles de la Rave. Ce Chou se feme en
Avril, & se plante à la fin de Juin au plutôt. Sa
bulbe est formée en Septembre. Aux approches
des fortes gelées on arrache tous ceux qu'on veut
conferver pour l'hiver ; on retranche la racine, on
éclate les feuilles, & on entasse les Pommes dans
la ferre fans les enterrer ; dans cet état elles s'amé-
liorent. Ceux que l'on veut conferver pour graine

doivent être plantés dans la ferre, & remis en terre au mois de Mars. Ces tubercules fervent aux mêmes ufages que le Navet. Il y a une variété qui ne fe diftingue que par fa couleur violette.

5. CHOU-NAVET, *Braffica radice napiformi.* Cette plante, fort reffemblante à la précedente, fait en tetre une bulbe ou tubercule d'une forme irréguliere prefque ronde, couverte d'une peau dure, épaiffe d'environ deux lignes, qu'il faut retrancher, lorfqu'on veut l'employer. Cette tubercule, de trois à quatre pouces de diametre, porte à fon extrémité à fleur de terre immédiatement & fans tige un bouquet de feuilles très-peu différentes de celles du Chou-rave. Cette plante fert aux mêmes ufages que la précédente, & fe cultive de même. Ces deux Choux étant inférieurs en qualités aux racines dont ils portent le nom, intéreffent plus la curiofité que l'économie.

6. BROCOLI de Rome. --De Malte, Chou Brocoli violet, *Braffica ramulis violaceis edulibus.* La tige de ce Chou eft haute d'environ deux pieds. Les feuilles font très-peu froncées par les bords, d'un vert affez foncé, aîlées ou profondément découpées vers la queue, arrondies à l'extrémité. Sous l'aiffelle de chaque feuille il naît une petite branche (drageon ou rejéton) bien nourrie, tendre

& fucculente, terminée par un bouquet violet, grénu prefque comme le Chou-fleur. De l'extré-mité de la tige il fort un groupe ou faifceau de pareils rejétons, qui quelquefois s'écartent les uns des autres (ils en font mieux nourris & meilleurs), quelquefois fe réuniffent & reffemblent au bou-quet ou pomme d'un Chou-fleur qui feroit violette; étant coupé il fort d'autres petites têtes de l'extré-mité de la tige. Ces drageons, qu'on nomme *Bro-colis*, fervent aux mêmes ufages, & fe préparent des mêmes façons que les Afperges.

Il fe feme fur couche à la fin de Janvier; fe conduit & fe cultive comme le Chou-fleur hâtif; *voyez ci-après*; il eft bon en Juin. Pour prolonger fa durée, on l'arrache avant que fes productions utiles aient acquis toute leur grandeur, & on le replante à l'ombre. Il fe feme auffi en pleine terre en Avril; s'éleve & fe cultive comme tout autre Chou: on commence à y recueillir des Brocolis en Octobre. Aux approches des fortes gelées on arrache ceux dont les Brocolis ne font pas encore formés, & ceux dont il font formés; on les tranf-porte dans la ferre; on les gouverne comme les Choux-fleur; ils s'y confervent bien, & les tar-difs y produifent leurs Brocolis. Ce Chou aime des arrofemens fréquents & abondants. Il a une variété dont les Brocolis font blancs, inférieurs en qualité aux violet.

BROCOLI commun, *Brassica ramulis edulibus vulgaris.* Ce Chou, d'une qualité très-inférieure au précédent, éleve sa tige à deux ou trois pieds. Ses feuilles d'un vert foncé, sont alongées, & de même forme que celles du Chou-fleur, mais très-froncées & frisées. Sous l'aisselle de chaque feuille il naît un Brocoli ; il en sort aussi un (quelquefois plusieurs) de l'extrémité de la tige, mais non un grouppe comme au Brocoli de Rome. Il se seme en Mars , & ses Brocolis sont bons en Août jusqu'aux fortes gelées. Il ne mérite pas les frais & les soins qui seroient nécessaires pour le défendre de l'hiver & prolonger sa durée.

8. PETIT CHOU frisé d'Allemagne , *Brassica minor folio crispo, brumalis.* Ce Chou éleve sa tige de douze à dix-huit pouces ; elle est bien garnie de petites feuilles d'un vert cendré, très-frisées, & agréables à manger, lorsqu'elles ont été attendries par les gelées. On coupe l'extrémité de la tige, qui porte les feuilles les plus tendres. De l'aisselle des feuilles dures il sort des rejets pendant l'hiver, qui sont fort bons. Il se seme en Avril & Mai.

III. Chou-fleur.

LE CHOU-FLEUR, *Braffica caulifera*, C. B. éleve
peu fa tige. Elle eft garnie de feuilles entieres,
alongées, prefqu'unies par les bords, d'un vert
mêlé de bleu, femées de nervures blanches; &
porte à fon extrémité une maffe arrondie, grénue,
prefqu'unie à fa furface, compofée d'un affemblage
de tiges blanches, tendres, épaiffes & fucculentes,
qui naiffent les uns des autres & fe terminent par
un grouppe de grains, boutons ou germes fans
forme décidée, qui fe dévoloppent en fleurs femblables à celles des autres Choux, lorfqu'on laiffe
monter le pied en graine. Cette maffe, tête, pomme, &c. eft la production utile de ce Chou ; elle
eft parfaite lorfqu'elle eft groffe, ferme & bien
garnie, blanche, & d'un grain fin.

On diftingue trois variétés de ce Chou, le tendre ou hâtif, le de mi-dur & le dur, qui different
très-peu l'une de l'autre. Les Choux-fleur de Malte,
de Chypre, d'Italie, de Hollande, &c. n'ont de
différent que le nom de ces pays, d'où nous tirons
communément la graine ; parce que peu de nos Jardiniers prennent les foins & les moyens néceffaires
pour la faire mûrir dans notre climat.

Culture. I. CHOU-FLEUR tendre. A la fin de Janvier femez la graine fur couche d'une chaleur fort

tempérée, fous cloches ou chaffis. Lorfque les côtyledons ou feuilles féminales font bien formées, repiquez le plant fur une autre couche. En Mars tranfplantez-le encore fur une autre couche, & efpacez-le de façon qu'il n'en tienne que de quinze à vingt pieds fous une cloche du grand moule, parce qu'il ne doit plus être tranfplanté jufqu'à ce, qu'on le mette en place; ayant foin, depuis fa naiffance jufqu'à fa plantation en pleine terre, de lui donner de l'air toutes les fois qu'il eft fupportable, afin de l'endurcir, & de le préferver de l'étiolement auquel il eft fort fujet.

Lorfque le plant a acquis fix ou fept feuilles, & que la faifon eft adoucie, fumez & labourez profondément le terrein auquel vous le deftinez; faites-y, à deux pieds de diftance en tout fens les uns des autres, de petits trous que vous remplirez de terreau, & vous planterez à la cheville un pied de Chou-fleur dans chacun, que vous enfoncerez jufqu'au-deffus du collet; car le collet doit fe trouver à fleur du fond du baffin, qu'il faut pratiquer au pied de chaque Chou pour retenir l'eau des arrofemens. Auffi-tôt donnez une mouillure médiocre, mais fuffifante pour plomber le terreau, & l'attacher aux racines. Après une quinzaine de jours pendant laquelle vous n'arroferez point du tout, vous commencerez à mouiller de deux en deux

jours, ou de trois en trois, si le tems est un peu
pluvieux. Un arrosoir d'eau suffit à quatre pieds.
Mais lorsque les Choux se disposeront à faire leur
tête, il faudra doubler la dose d'eau. Dans les terreins sujets à se durcir & à se gerser, il faut donner
un binage au pied des Choux, tous les cinq ou six
jours, & jetter un peu de grand fumier sur les bas-
sins pour entretenir la fraîcheur.

Depuis que les Choux-fleur ont commencé à reprendre, il faut les visiter souvent. 1°. Pour s'assurer si quelques-uns ne sont point borgnes, c'est-à-
dire, sans œil; les arracher & les remplacer. 2°. Si
quelques-uns montent; les arracher de même &
les remplacer. 3°. Si la feuille qui précéde immédiatement la pomme n'est point rompue, arrachée,
avortée à quelques-uns; les traiter de même. 4°. Si
sur quelques pieds trop foibles la tête se montre
trop tôt, butter la tige, former un petit bassin, &
mouiller plus fréquemment & plus abondamment
jusqu'à ce qu'ils aient repris vigueur. Ces attentions
regardent tous les Choux-fleur en toute saison.

Le Chou-fleur tendre convient mieux que les
autres dans les terreins forts, & réussit mieux dans
les années séches. Autrement le dur lui est bien
préférable.

Lorsque la pomme des Choux-fleur est sortie
& de la grosseur du poing, il faut lier les feuilles

par l'extrémité , ou les rompre par le milieu & les rabattre fur la pomme , afin qu'elle blanchiffe & profite fous cette couveture.

II. Le CHOU-FLEUR dur commun ne peut s'élever dans les terres fortes, compactes, froides, glaifeufes ; il veut une bonne terre légere. Il eft moins fujet à monter que les autres , & fait une tête plus groffe & plus ferme : mais on lui préfere avec raifon le *Chou-fleur dur d'Angleterre*, qui a le grain plus blanc, plus fin, plus ferré , & qui ne perd point fa blancheur en cuifant. Le Chou-fleur dur fe feme en deux faifons.

1°. Au commencement d'Octobre il faut le femer fur couche fous cloches ou chaffis, lorfqu'il eft levé, ouvrir les chaffis ou ôter les cloches pendant le jour pour l'endurcir & l'accoutumer à l'air lorfqu'il ne gele pas, & le recouvrir pendant la nuit. Le repiquer fous cloches le long d'un mur au Midi, ou fur un ados défendu du Nord par un bon abri de paille; quinze ou vingt pieds fuffifent fous une cloche du grand moule; ne le pas planter plus profondément qu'il n'étoit fur la couche. Après quatre ou cinq jours donner au plant un peu d'air, s'il eft fupportable; cinq ou fix jours après ôter les cloches pendant le jour , fi le tems eft doux, & les remettre le foir. Pendant les gelées couvrir les cloches de litiere, & en augmenter la charge fuivant le degré

du

du froid. Vers la mi-Février repiquer ce plant fur couche , dix ou douze pieds fous chaque cloche. Après quatre ou cinq jours lever un peu les cloches, fi l'air n'eft pas trop rude; & huit jours après les ôter entiérement pendant les heures du jour où l'air ne fera pas trop dur ; & les remettre pendant la nuit. Lorfqu'il n'y a plus de grandes gelées à craindre , retirer les cloches, faire fur la couche un petit treillage de gaulettes portées fur des fourchettes pour foutenir des paillaffons pendant les nuits feulement, & pendant les jours de gelées ou de tems rudes. Enfin vers la mi Avril , planter en pleine terre , & gouverner ce Chou comme nous avons prefcrit pour le Chou-fleur tendre. J'ajouterai feulement qu'en arrofant il faut jetter l'eau en pluie , afin de laver les feuilles & d'en détacher les infectes & leurs œufs. Entre les rangs de Choux-fleur on peut planter des Laitues ou autres legumes baffes , qui feront confommées avant qu'elles puiffent nuire aux Choux ou en être incommodées. On commencera à jouir en Juin. S'il paroît en même tems un plus grand nombre de têtes qu'on n'en peut confommer, on arrache les Choux avant que leur tête ait acquis toute fa groffeur ; on les plante fort près l'un de l'autre jufqu'au colet , la tête un peu penchée, dans une terre & à une expofition fraîches , pour rendre leur progrès fucceffif, &

prolonger leur durée. Mais il faut laisser en place
ceux que l'on destine pour graine, continuer à les
mouiller tous les deux jours jusqu'à ce que les siliques soient bien formées, les délivrer du puceron, en arrosant souvent la tête, coupant & brû-
lant les rameaux qui sont trop infectés de cet insecte. La graine se recueille en Septembre & se conserve bonne trois ou quatre ans; mais elle est meilleure de deux ans, & même de la premiere année.

2º. Pour avoir des Choux-fleurs qui succédent
à ceux-ci, & qui fournissent l'automne & l'hiver,
il faut en Mai semer clair la graine dans un terrein
bien labouré, hersé, & couvert d'environ deux
pouces de terreau ou de crotin de cheval bien brisé,
à l'exposition du Nord. Aussi-tôt que la graine est
levée, mouiller très-légérement le plant naissant,
& tamiser dessus de la cendre & de la suie de che-
minée, pour préserver les cotylédons des insectes
qui en sont fort avides; renouveller tous les jours
cette petite opération, jusqu'à ce que les premieres
feuilles soient développées. Arroser fréquemment
& sarcler le plant pour se fortifier; & l'éclaircir, si
les pieds ne sont pas à trois pouces au moins de
distance l'un de l'autre. Lorsqu'il a cinq ou six
feuilles bien formées, le planter comme il est marqué ci-devant, & le mouiller très-souvent & très-
abondamment pendant les mois de Juillet & d'Août,

Les têtes paroîtront en Octobre & se succéderont tout l'automne & l'hiver. Dès le commencement de Novembre il faut porter de la grande litiere bien secouée à portée des Choux-fleur, pour les couvrir aussi-tôt qu'on est menacé de gelée. A mesure que les têtes sont bonnes, on coupe la tige quelques pouces au-dessous, & toutes les feuilles jusqu'à fleur de la pomme ; & on range ces têtes sur des tablettes propres dans un fruitier, une serre ou autre lieu qui ne soit point humide, & auquel on puisse souvent donner de l'air. Dans cet état elles se conservent très-bien deux ou trois mois. Mais vers la fin de Décembre, lorsqu'on prévoit de fortes gelées, il faut dans un beau jour, & à une heure où il n'y ait aucune humidité sur les Choux (qu'on peut même pour plus de sûreté suspendre par le pied pendant un ou deux jours en lieu couvert, mais bien airé), déplanter avec ce qu'on peut de motte tous les Choux qui n'ont point encore fait leur tête ; leur retrancher les feuilles du bas de la tige ; les porter dans la serre ; les y planter jusqu'au colet fort près les uns des autres dans un sable ou terreau frais & même un peu humide. Ils y feront leur tête, pourvu que l'on soit attentif à donner de l'air à la serre toutes les fois qu'il est supportable, & à la fermer très-exactement dans les gelées.

I ij

III. CHOU-FLEUR demi-tendre. Cette variété, qui tient le milieu entre les deux autres, se seme en Janvier & Février sur couche comme le Tendre, se cultive de même, & est un peu plus tardive, mais meilleure. Elle se seme aussi dans les mêmes tems que le Dur & se cultive de la même façon. Elle lui est un peu inférieure en bonté ; mais son succès est plus sûr. Ce Chou a encore l'avantage d'être moins difficile sur le terrein & sur la température des années que le Tendre, qui aime les terres fortes & les saisons séches, & que le Dur qui veut des terres légeres, & des saisons pluvieuses. Malgré ce que je viens de dire d'après les observations des plus habiles Cultivateurs, je crois être fondé à douter que cette variété de Chou-fleur soit bien décidée & constante.

La culture du Chou-fleur qui vient d'être exposée est la plus commune, & généralement observée par ceux qui faisant commerce de légumes, en font de grandes cultures. La méthode suivante peut mieux convenir à des Jardins particuliers, exigeant moins de soins, & pouvant se pratiquer dans toute sorte de terrein quel qu'il soit.

Autre culture. Mêlez bien & passez à la claie de la terre meuble & du terreau, parties égales. Remplissez de cette terre composée des pots à Quarantaine ou même à Basilic. Plombez à l'eau, & semez

dans chaque deux ou trois graines de Chou-fleur.
Depuis la fin de Janvier jufqu'en Avril, il faut
les enfoncer dans des couches fous des cloches ou
des chaffis, & les changer de couche lorfque la
premiere eft refroidie. Dans le refte du tems, il
faut les enterrer dans un lieu & une expofition
convenables à la faifon, comme il a été marqué
ci-devant. Lorfque les jeunes plantes ont pouffé
leurs premieres feuilles, il faut ne laiffer que la
plus vigoureufe dans chaque pot, & fupprimer
les autres en les coupant à fleur de terre, & non
en les arrachant. Le plant ayant cinq ou fix feuilles bien formées, on le plante en motte bien entiere dans un terrein préparé comme il eft dit ci-
devant, & on le cultive de même. Mais fi le terrein eft contraire à la variété de Choux, on creufe
à deux ou deux pieds & demi l'une de l'autre de
petites foffes d'un pied cube, que l'on remplit de
terreau, & on place la motte au milieu. Quant au
femis d'Octobre qui doit paffer l'hiver, on enterre les pots dans un efpalier au Midi.

1°. En plantant le Chou-fleur dans des foffes
remplies de terreau, on peut s'affurer de le cultiver avec fuccès en toutes fortes de terreins.

2°. Les Choux-fleur femés en pots acquierent
bien plus de force & avancent beaucoup plus que
ceux qu'on feme autrement. Les tranfplantations

fatiguent ceux-ci , alterent leur vigueur , & retardent leur progrès , étant quatre ou cinq jours à reprendre , & autant à ne profiter que très-peu ; d'ailleurs les insectes pendant les tems de leur langueur les attaquent, font périr les uns , & alterent les autres. Ceux qui font semés en pot n'éprouvent aucun de ces inconvénients. En semant ainsi une cinquantaine de pieds tous les quinze jours ou toutes les trois semaines depuis la fin de Janvier jusqu'en Mai , on aura une succession de ce légume aussi abondante qu'elle peut être nécessaire à la plus forte maison particuliere.

XXII. CIBOULE.

1. CIBOULE commune , *Cepa fissilis vulgaris*. Le pied de cette plante, qui est annuelle , est une petite bulbe alongée , composée de plusieurs tuniques qui s'enveloppent l'une l'autre. Cette bulbe tale , se multiplie & forme une assemblage de pareilles bulbes adhérentes les unes aux autres , qu'on nomme *touffe* ou *pied* de Ciboulles. Les feuilles, longues de huit ou neuf pouces, font menues, cylindriques , creuses ou fistuleuses, terminées en pointe. La tige , haute de vingt-cinq à trente pouces, est droite, lisse , nue , creuse , renflée dans son milieu , terminée par une tête presque conique , dont l'enveloppe membraneuse en

s'ouvrant laisse paroître une ombelle de fleurs blanches, dont chacune est composée d'un calice à six divisions adhérentes l'une à l'autre à leur naissance; de six étamines attachées à la base de chaque division; & d'un pistil, dont le stigmate est conique, qui devient une capsule séche, triloculaire, remplie de semences noires, presque rondes, anguleuses.

2. CIBOULE vivace, *Cepa fissilis perennis*. Elle ne differe de la précédente que parce qu'elle vit neuf ou dix ans, & qu'elle ne porte point de graine.

3. CIBOULE de Saint-Jacques, *Cepa fissilis humilior*. Ses feuilles plus courtes, un peu renflées dans leur milieu, & renversées sur terre, la distinguent de la premiere.

Culture. 18. Depuis le commencement de Mars jusqu'en Août on seme tous les quinze jours ou tous les mois de la graine de Ciboule commune; afin qu'étant plus nouvelle, elle soit plus tendre. Elle se seme assez épais dans une terre bien labourée & bien herfée; si elle est forte, il faut couvrir la graine d'un pouce de terreau. En Juin, & non plus tard, on repique à six ou sept pouces de distance & à quatre pouces de profondeur trois ou quatre pieds ensemble de Ciboule du premier semis. Ces petites touffes talent & augmentent beaucoup,

& fourniffent pendant l'hiver. (Si l'on peut en
fauver de l'hiver des femis les plus tardifs, elle ne
monte pas fi-tôt en graine, & elle fournit au printems jufqu'à ce que la nouvelle commence à donner). Lorfque les gelées menacent, il faut arracher
une partie convenable de ces touffes, les porter
dans la ferre ; ou les enterrer l'une près-de l'autre
dans une tranchée profonde de fept à huit pouces, & les couvrir de litiere en quantité fuffifante
pour les défendre des fortes gelées. Les touffes
laiffées en place montent au printems ; la graine
étant mûre en Août, on coupe les tiges, on les
lie par bottes que l'on enveloppe groffierement
de papier ; on les expofe au foleil pendant quelques jours ; enfuite on les fufpend en lieu fec jufqu'au tems de faire ufage de la graine, qui étant
laiffée ainfi dans fes capfules fe conferve bonne
pendant quatre ans ; au lieu qu'étant nettoyée &
vanée auffi-tôt après fa maturité, elle ne dure que
deux ans. Du refte la Ciboule n'a befoin que d'être
farclée & mouillée au befoin.

2°. La Ciboule de Saint-Jacques ne fe feme
qu'au printems & fournit jufqu'en Août ; alors
toutes fes feuilles fe defféchent. Les bulbes réfif-
tent aux hivers les plus rudes. Au printems elles
forment de très-groffes touffes ; les feuilles repa-
roiffent, & fourniffent abondamment dans cette

saifon, parce que cette Ciboule monte en graine
bien plus tard que la commune. Elle est d'une sa-
veur à-peu-près une fois plus forte ; aussi le ver
ne l'attaque point.

3°. La Ciboule vivace se multiplie de bulbes
qu'on détache des vieilles touffes, & qu'on replante au printems & à l'automne. Elle produit de
bonne heure ses feuilles au printems ; elle les perd
pendant l'été, si elle n'est arrosée fréquemment ;
elle en reproduit l'automne. Aux approches des
gelées, on détache des touffes la quantité nécessaire pour la fourniture de l'hiver, qu'on porte
dans la serre, ou qu'on plante dans une tranchée,
comme il est dit ci-devant. Les restes de touffes
laissés en terre ne craignent point les froids : ils talent & se multiplient de nouveau au printems.
Cette variété est préférable aux deux autres.

XXIII. CITROUILLE.

1. CITROUILLE commune, Citrouille verte, *Ci-*
trullus folio laciniato, fructu viridi, vulgaris. Cette
plante annuelle & rampante pousse de longs sar-
ments creux, anguleux, garnis de poils ou épines
molles, qui les rendent rudes au toucher. Ils portent dans un ordre alterne de grandes feuilles rudes, découpées profondément, dont la queue est
ronde, longue & fistuleuse, souvent accompa-

gnées en deſſous par une vrille rameuſe ou main ;
de l'aiſſelle de cette queue il ſort ou une branche ,
ou un pédicule qui porte une fleur mâle, jaune ,
campaniforme ou tubulée , à cinq diviſions égales
dans laquelle on voit trois filets d'étamines réunis
par le haut , aſſez courts, qui ſupportent cinq
ſommets ; ou il en ſort un pédicule qui ſe termine
par un gros embryon rond , ſur lequel eſt attachée
une fleur femelle de même forme & couleur ;
dans laquelle on trouve un faiſceau de trois à cinq
ſtyles réunis & terminés par des ſtigmates, & trois
filets ou étamines avortées , attachées à la baſe de
la corolle. L'embryon devient un fort gros fruit
arrondi, dont la peau ou écorce eſt dure, liſſe ,
d'un vert foncé, ſemées de taches blanches ou
d'un vert clair ; ſa chair eſt groſſiere , ferme &
blanche ; le centre eſt diviſé en ſix grandes loges , dont chacune contient de deux à trois cents
grands pépins plats, élliptiques, qui ont deux enveloppes , l'une extérieure , coriacée & aſſez
dure , rebordée tout autour; l'autre intérieure ,
très-mince , couvre immédiatement deux lobes
plats & un petit germe. On compte quatre variétés de Citrouille, la Verte , la Jaune , la Griſe , la
Jaune pâle ; les deux premieres ſont mépriſables ;
les deux autres méritent d'être cultivées.

2. POTIRON , *Citrullus folio ſubrotundo fructu*

aurantiaci coloris maximo. Les farments du potiron s'étendent à plusieurs toifes. Sa feuille prefque ronde, fans découpures eft portée par une queue fort longue. Le fruit eft d'une groffeur extraordinaire; de forme peu conftante, plus fouvent fphérique, très-applatie par les extrémités, rarement allongée, quelquefois relevée de côtes, quelquefois irréguliere. L'écorce eft d'un jaune orangé; la chair, d'un jaune pâle, eft plus ferme, moins groffiere & moins infipide que celle de la Citrouille. Il mûrit au commencement d'Octobre. Dans tout le refte il eft femblable à la Citrouille, dont il ne doit pas être regardé comme une variété, quoiqu'il porte le même nom latin. Les Botaniftes le nomment *Pepo*, & le rangent avec raifon entre les pepons. Il y a une variété à fruit vert, qui ne lui eft pas inférieure en qualité.

3. POTIRON hâtif, *Citrullus folio fubrotundo, medio fructu aurantiaci coloris, præcoci.* La groffeur du fruit beaucoup moindre, fa maturité dès le commencement d'Août, fa queue jaune & non verte, font les trois feuls caracteres qui diftinguent cette variété de Potiron.

4. POTIRON d'Efpagne, *Citrullus fructu minimo racemofo, non repens.* Ce petit Potiron (qui n'a de Potiron que le nom) fait une feule tige droite, fort groffe, cannelée, haute de quinze ou dix-huit

pouces , fur laquelle les feuilles beaucoup moindres que celles des autres Potirons , naiffent fort
près les unes des autres. Les fruits , au nombre de
fix à dix font tellement ferrés qu'ils forment
comme une grappe. Ils ont rarement plus de fix
pouces de diametre fur fept ou huit de longueur ,
de forme prefque conique étant beaucoup plus
renflés vers la queue qu'à l'autre extrémité. Leur
couleur eft jaune peu foncé , quelquefois tacheté
de vert. Ces petits fruits fe confervent long-tems ,
& font auffi bons que puiffe être du Potiron. Dans
les années pluvieufes il eft néceffaire de les éclaircir , afin qu'étant moins ferrés les uns contre les
autres, ils ne pourriffent pas fur le pied. Cette
plante participe du Giraumon & du Paftiffon.

Culture. Au commencement de Mars , fi vous
voulez récolter de bonne heure (à la fin d'Avril fi
vous préférez des fruits de garde pour l'hiver) ;
creufez à huit ou dix pieds l'une de l'autre des
foffes de deux pieds fur un pied de profondeur.
Rempliffez-les de fumier recouvert de deux ou
trois pouces de terreau (dans un terrein chaud &
léger , le fumier & le terreau ne font pas néceffaires). Dans chacune femez deux graines , mouillez & couvrez de cloches jufqu'à ce que le plant
n'ait plus rien à craindre des rigueurs de la faifon.
Pincez-le lorfqu'il fera tems pour lui faire pouffer

deux ou trois farmens. Ou bien femez fur couche cinq ou fix graines fous chaque cloche , & tranfplantez dans les foffes lorfque le plant fera affez fort , & la faifon affez douce ; mouillez & tenez le plant couvert pendant quatre ou cinq jours , jufqu'à ce qu'il foit bien repris. Ou mieux femez dans de petits pots fur couches , & portez le plant en motte dans les foffes préparées. Du refte arrofez fouvent le pied du Potiron , afin que la plante profite mieux. Supprimez les branches foibles , ftériles , inutiles. Lorfque le fruit eft bien arrêté fur un farment , coupez ce farment à la deuxieme ou troifieme feuille au-delà du fruit , & couvrez d'une petite butte de terre le premier ou fecond nœud qui précede le fruit, afin qu'il s'enracine & fourniffe de la nourriture au fruit , fous lequel il faut en même-tems mettre une tuile ; planche, ou pierre plate un peu inclinée , pour que la pluie ne s'y arrête pas. Lorfque le fruit a acquis prefque fa groffeur , il faut avoir foin de couper les feuilles voifines pour le faire jouir du foleil. Enfin le fruit étant mûr , on le cueille , on l'expofe au foleil pendant quelques jours ; enfuite on le place en lieu fec, airé & à couvert de la gelée ; il s'y conferve fort long-tems pourvu qu'il ne touche pas l'un à l'autre.

XXIV. CIVE.

1. PETITE CIVE, Civette, *Cepula minor & vulgatior*. Le pied de la Cive est un grouppe ou assemblage de fort petites bubles très-nombreuses (jusqu'à cinquante), dont chacune est couverte de son enveloppe particuliere, & qui ne tiennent l'une à l'autre que par des racines blanches & déliées. Sa feuille fort menue est creuse, fistuleuse, longue. Quelquefois il s'éleve une petite tige qui porte une tête ou ombelle de fleurs purpurines, dont toutes les parties sont semblables à celles de la Ciboule, monopétales à cinq divisions longuettes & pointues, marquées suivant leur longueur, d'une ligne violette.

2. CIVE d'Angleterre, *Cepula Britannica*. Toutes les parties de la plante sont de la même forme & dans la même disposition que celles de la Civette, mais beaucoup plus grandes.

3. CIVE de Portugal, grande Cive, *Cepula major, sive Lusitanica*. La Cive de Portugal, semblable aux précédentes, surpasse l'une & l'autre en grandeur. Sa tige s'éleve davantage & sa fleur est plus grande. De sorte que ces trois variétés ne different que par la grandeur, sur-tout de leurs feuilles.

Culture. Au lieu de multiplier la Cive par les semences, il est plus expéditif de séparer les touffes au mois de Mars, & de planter trois ou quatre bulbes ensemble en bordures ou en planche dans une terre légere & bien labourée. Ces trois ou quatre bulbes talent & forment dans la même année une touffe considérable, qui peut subsister quatre ou cinq ans dans la même place. On met sept ou huit pouces d'intervalle entre les touffes. Il faut les sarcler, serfouir, mouiller au besoin ; couper souvent les feuilles, afin d'en faire pousser de nouvelles & plus tendres : à la fin de l'automne les couper toute à fleur de terre, & couvrir les touffes d'un pouce de terreau ou de crotin.

XXV. CONCOMBRE.

1. CONCOMBRE commun, *Cucumis sativus vulgaris.* Les tiges rampantes & sarmenteuses de cette plante sont assez grosses, longues, rameuses & nombreuses ; garnies de feuilles alternes, palmées à angles droits ou découpées peu profondément, unies par les bords, rudes au toucher, couvertes sur-tout par le dessous d'épines molles, portées par de grosses queues concaves, longues de cinq à six pouces. De l'aisselle des feuilles il sort des fleurs jaunes, monopétales en cloche évasée, découpées

en cinq divifions pointues & égales , folitaires ou
deux à deux, portées par des pédicules accompagnés à leur naiffance de vrilles fimples. De ces fleurs
les unes font mâles, dépourvues d'embryon & de
piftil , garnies feulement de trois étamines ; les
autres font femelles , portées fur un embryon long
d'environ un pouce fur cinq ou fix lignes de diametre , & garnies d'un ftyle à trois ftigmates & de
trois ou quatre filets d'étamines fans fommets.
L'embryon devient un fruit cylindrique , arrondi
par les extrémités, long d'environ un pied fur trois
pouces de diametre, fouvent courbé , anguleux,
& parfemé de petites verues. Son écorce blanche,
jaune , ouverte , mince , couvre une chair férme,
blanche , tranfparente , dont le centre eft divifé
en trois loges, qui contiennent une pulpe mucila-
gineufe & un fort grand nombre de graines plates,
elliptiques, dont les deux cotylédons font couverts
d'une pellicule très-mince & d'une enveloppe extérieure , forte & coriacée. Pour recueillir la graine,
il faut laiffer pourrir fur pied un nombre convenable de fruits ; en retirer la graine ; la laver en
plufieurs eaux ; la laiffer fécher quelques jours à
l'air; la renfermer enfuite; elle fe confervera bonne
pendant fept ou huit ans. Le *Concombre vert* ou
Concombre à Cornichons eft fort bon , mais fi petit
qu'il ne fe cultive que pour les Cornichons.

2. CONCOMBRE

2. CONCOMRRE hâtif, *Cucumis sativus vulgaris præcox.* C'est une variéte du précédent, qui n'en differe que par le fruit qui est moins gros & plus précoce.

3. PETIT CONCOMBRE hâtif, Concombre à bouquet, Concombre mignon, *Cucumis sativus minor fructu racematim adnascente.* Toutes les parties & productions de ce Concombre disposées & conformées comme celles des deux précédents, sont moindres. Ses tiges moins nombreuses s'étendent rarement au-delà de douze ou quinze pouces. Elles se soutiennent droites jusqu'à ce qu'elles soient obligées de plier & de ramper sous le poids des fruits qui naissent par grouppes ou bouquets de trois ou quatre. Leur longueur est de quatre à cinq pouces sur deux pouces de diametre. Leur écorce devient jaune. La petitesse de la plante, qu'une cloche du grand moule couvre ordinairement toute entiere, jointe au grand nombre & à la précocité de ses fruits, en rend la culture commode & avantageuse; cependant ce concombre est rare.

4. CONCOMBRE noir, *Cucumis sativus perfoliatus fructu nigricante.* Ce Concombre pousse quelquefois trois tiges; le plus souvent une ou deux trèsgrosses, à cinq faces ou cannelures, creuses en étoile, longues de deux à trois pieds, droites tant que le fruit ne les fait pas ramper. Les feuilles y

naiſſent dans un ordre alterne fort près les unes des autres. Elles ſont fort grandes & portées par des queues creuſes, de cinq à ſix lignes de diametre ſur douze à quinze pouces de longueur. De leur aiſſelle il ſort des fleurs d'un beau jaune velouté, reſſemblantes à celles du Potiron, portées par des pédicules longs de trois ou quatre pouces. Les fruits acquierent au moins un pied de longueur ſur trois ou quatre pouces de diametre, & ſont relevés de pluſieurs petites côtes ſuivant leur longueur. Leur écorce raboteuſe devient d'un vert preſque noir, quelquefois marbré ou rayé de blanc. La chair eſt ſéche, & tire ſur la couleur jaune. Ce Concombre eſt médiocrement eſtimable.

5. CONCOMBRE de Barbarie, *Cucumis ſativus maximus*. Les ſarments ou tiges du Concombre de Barbarie s'étendent preſqu'auſſi loin, & les feuilles & toutes les parties de la plante ſont peu moindres que celles du Potiron. La plupart de ſes feuilles ſont pa' néées ou découpées très-profondément. Les fruits, qui ont quelquefois près de deux pieds de longueur ſur neuf ou dix pouces de diametre, ſont d'un vert très-foncé, quelquefois marbrés de vert plus clair ou de blanc, rarement de jaune. La chair eſt ſéche & un peu pâteuſe. Le ſeul mérite de ce gros Concombre eſt de ſe conſerver en lieu ſec juſqu'à la fin de Janvier.

Je n'ajoute point ici plusieurs variétés de Concombre qui ne font que curieuses, ni même le Concombre fauvage, quoique d'un grand usage en Médecine. Le Concombre noir & celui de Barbarie n'ont de Concombre que le nom.

Culture. I. Dans le commencement d'Octobre femez dans de petits pots remplis de terre légere, mêlée avec égale portion de terreau, deux graines de Concombre hâtif. Placez ces pots en plein air, mais en bonne expofition abritée; & fi les deux graines levent, ne laiffez qu'un pied dans chaque pot. Vers la fin de ce mois, & dans le commencement de Novembre, couvrez le jeune plant avec des paillaffons pendant les nuits, lorfqu'on peut craindre quelque gelée blanche, ou que l'air eft rude; car peu de plantes font auffi fenfibles au froid que le Concombre. Enfin lorfque les nuits deviennent trop froides, ce qui arrive fouvent dès le commencement de ce mois, tranfportez tous vos pots fous des cloches ou chaffis dans une couche que vous réchaufferez au befoin. Vous foignerez le plant avec attention jufqu'en Février, lui donnant de l'air, le couvrant plus ou moins fuivant la température de la faifon. En Février, lorfqu'il montrera fes premieres fleurs, vous le planterez en motte bien entiere dans une couche neuve; fes premiers fruits feront bons au commencement

d'Avril. Le plant avancé & fortifié avant l'hiver
en supporte mieux les rigueurs que celui qui n'est
né qu'en Novembre ou Décembre ; & s'il exige
des soins pendant plus long-tems, il procure une
jouissance beaucoup plus précoce que celui qu'on
éleve par la méthode suivante.

II. La pratique ordinaire est de semer à la fin
de Novembre ou en Décembre, sur couche, une
vingtaine de graines de Concombre hâtif sous
chaque cloche, que l'on borne, que l'on couvre
de paillassons ou de litiere, &c. suivant que le
tems est plus ou moins rude. Trois semaines ou
un mois après, repiquer le jeune plant sur une
couche neuve, (qu'il faut réchauffer exactement,)
cinq ou six pieds sous chaque cloche, & lui
donner de l'air toutes les fois qu'il est supportable.
Un mois après, le planter en place à demeure,
à dix-huit pouces ou deux pieds l'un de l'autre,
sur une troisieme & derniere couche, chargée de
dix à douze pouces de terre meuble, mêlée d'une
moitié de terreau. Les Maraichers ne la couvrent
que de sept à huit pouces de terreau, & forment
le dernier lit de la couche avec le fumier le plus
menu, qui supplée à la trop petite épaisseur de
terreau.) Lorsque ce plant est assez fort, rabattre
la tige, en la coupant & non en la pinçant avec
l'ongle, au-dessus de la seconde feuille ; c'est ce

qu'on appelle faire la premiere taille.... Réchauffer
la couche au befoin pour y entretenir une chaleur,
non pas grande, mais modérée : ce point eft important... Couvrir le plant avec foin, le découvrir
toutes les fois qu'un rayon de foleil ou un tems
doux le permet. Arrofer avec de l'eau échauffée
au foleil, ou tiédie au feu, fi la langueur du plant
en indique le befoin.... Lorfque la tige rabattue
a pouffé fes deux branches ou bras, les arrêter à
deux yeux ; & lorfque les fecondes branches montrent du fruit, les pincer ou couper avec l'ongle
à un œil au-deffus du fruit, & tailler de même
les branches qui fortiront fucceffivement les unes
des autres. Mais comme cette multiplication de
branches produiroit de la confufion, élaguer de
tems en tems les branches gourmandes & ftériles,
celles qui font trop foibles pour bien nourrir leur
fruit ; retrancher les feuilles dures, & une partie
de celles qui font éloignées du fruit, qui lui
font trop d'ombrage, & lui dévorent la féve néceffaire à fa nutrition ; donner de l'air le plus
fouvent qu'il eft poffible ; fi le plant n'eft pas fous
des chaffis, mais fous cloches, & que les branches ne puiffent plus être contenues fous les cloches, les laiffer fortir & s'étendre en liberté, avec
l'attention de couvrir la couche avec des paillaffons foutenus fur des baguettes, fi l'on eft encore

menacé de quelques gelées... Enfin lorfque le
fruit cnmmence à avancer, & que la faifon amene
des jours de chaleur, comme il arrive ordinairement en Avril, il faut commencer à donner à
cette plante, qui aime l'eau, des arrofemens
abondans, & auffi fréquens que le befoin l'exige,
& avoir grand foin de la tailler. Avec ces foins
les premiers fruits doivent être bons à couper au
commencement de Mai, fi les rigueurs de l'hiver
& du commencement du printems n'ont pas été
exceffives. Mais en fuivant cette méthode, il feroit
bien plus avantageux d'élever le plant dans de
petits pots, jufqu'à ce qu'il foit affez fort pour
être mis en place; parce que, comme je le répete
pour la derniere fois, les tranfplantations alterent
beaucoup fa force & retardent fon progrès. Les
Concombres bien cultivés donnent du fruit pendant deux ou trois mois.

III. Le Concombre tardif exige bien moins de
foins & de dépenfes. Au commencement d'Avril
on fait, dans une plate-bande d'efpalier ou dans
un terrein abrité, des foffes d'environ un pied
cube, éloignées de deux pieds l'une de l'autre;
on les remplit de terreau gras ou de fumier bien
confommé, recouvert d'un peu de terreau fin, ou
mieux de terre meuble, mêlée d'égale partie de
terreau. Vers la mi-Avril on feme dans chaque ,

deux ou trois graines. Jufqu'à la fin de Mai on défend des gelées tardives le jeune plant avec des cloches, ou des pots renverfés, ou des paillaffons foutenus fur un treillage, & bordés de litiere. Lorfque le plant eft en fûreté, on ne laiffe qu'un pied dans chaque foffe. Tout le refte de leur culture confifte à les arrofer abondamment, & à les tailler exactement à mefure que le fruit arrête fur les branches. Semés fur couche en Mars, & mis en place entre la mi-Avril & le commencement de Mai dans les foffes garnies de terreau ou dans une couche fourde, ils ont bien plus d'avance, fur-tout s'ils ont été élevés dans des pots, & par confé-quent donnent plutôt du fruit. D'ailleurs n'étant fur une couche qu'à quatre ou cinq pouces de dif-tance, il faut moins de tems & de verre ou de paillaffons pour les défendre du froid.

Les Amateurs de Concombre peuvent s'en pro-curer jufqu'aux fortes gelées. Au commencement de Juillet on feme à demeure de la graine de Concombre tardif fur une couche de litiere fraî-che & de fumier fec mêlés enfemble & recouverte de dix à douze pouces de bonne terre meuble. On foigne & on cultive le plant felon fes befoins. Lorf-que les nuits commencent à devenir froides & ac-compagnées de gelées, ce qui arrive ordinairement dès le commencement de Novembre, on couvre le plant avec des chaffis vitrés ou des cloches, & on ajoute par la fuite des paillaffons, de la litiere ou autres couvertures néceffaires pour le défendre des grands froids. On a foin d'entretenir exactement la chaleur de la couche, par des réchaufs; & on peut efpérer de recueillir du fruit jufqu'aux fortes gelées.

Les Concombres deftinés à produire des Cornichons, fe fement en pleine terre, vers la fin de Mai, & n'exigent que d'être mouillés au befoin. On commence à en couper les petits fruits en Septembre.

Les feuilles du Concombre fe couvrent quelquefois d'une farine ou pouffiere blanche. C'eft la maladie du blanc ou meunier. On peut en préferver la plante en la couvrant de paillaffons ou de litiere pendant les tems & les nuits froides. Si elle en eft attaquée, il faut retrancher toutes les feuilles & les parties infectées de cette lépre.

IV. Le Concombre noir & le Concombre de Barbarie, fe fement fur couche à la fin d'Avil, & fe repiquent dans des foffes garnies de fumier confommé, ou dans une terre bien fumée; le Noir à deux pieds de diftance, celui de Barbarie à fix ou fept pieds. Comme leur principal mérite eft de fe conferver fort avant dans l'hiver, il fuffit que leur fruit foit mûr avant les gelées, & placé en lieu fec & airé. Ils n'exigent que d'être taillés & mouillés au befoin.

XXVI. CRESSON.

1. CRESSON alenois, Nafitor, *Nafturtium hortenfe*. C. B. Le Creffon alenois eft une plante annuelle, ou plutôt de quelques mois, dont les feuilles difpofées dans une ordre alterne, font petites, aîlées d'un à trois rangs, ou compofées de deux à fix folioles, & terminées par une impaire. Les grandes folioles font elles-mêmes recompofées de deux ou quatre folioles dentelées profondément, d'un goût parfumé, d'un vert tendre. Elle éleve à dix-huit ou vingt pouces une tige cylindrique, unie, d'environ deux lignes de diametre, garnie de rameaux fur lefquels s'ouvrent fucceffivement des bouquets de petites fleurs, compofées d'un calice court; de quatre fort petits pétales blancs rangés en croix; de fix étamines inégales, au milieu defquelles s'éleve un petit ftyle cylindrique porté fur un embryon, qui devient une filique ronde applatie, dans laquelle eft renfermée une petite femence ovoïde, plate, d'un jaune foncé.

2. CRESSON frifé, *Nafturtium hortenfe folio crifpo*. Cette variété eft diftinguée par fa fueille un peu plus grande, d'un vert foncé, & frifée.

3. CRESSON doré, *Nasturtium hortense flavum.* La feuille d’un jaune doré, un peu alongée, & découpée inégalement ; la graine beaucoup plus petite & d’un jaune orangé clair, font les caracteres particuliers de cette variété.

Culture. Le Cresson se seme pendant l’hiver sur couche, & est bon à couper douze ou quinze jours après avoir été semé. Pendant les trois autres saisons il se seme par rayons en pleine terre bien meuble. Comme il n’est agréable que lorsqu’il est jeune & tendre, & qu’il monte promptement en graine, il faut en semer tous les quinze jours, & pendant l’été le semer à l’ombre & le mouiller fréquemment.

XXVII. ÉCHALOTTE.

1. PETITE ÉCHALOTTE, Échalotte commune, *Cepa Ascalonica minor.* L’Échalotte est une petite bulbe presque conique, de cinq ou six lignes de diametre, qui renferme sous une enveloppe commune de quatre à douze caïeux ou petites tubercules qui ne sont adhérentes que par la couronne. Une bulbe mise en terre, ces petits caïeux rompent l’enveloppe, grossissent, & forment chacun une nouvelle bulbe, de laquelle sortent des feuilles fistuleuses, cylindriques, longues de trois à douze

pouces, fur une demi-ligne à trois lignes de diametre, fuivant la groffeur & la force de la jeune
bulbe, qui annonce ordinairement par le nombre
de fes feuilles celui des caïeux qu'elle renferme.
Je n'ai jamais vu ni tige ni graine de cette plante.

2. GROSSE ÉCHALOTTE, *Cepa Afcalonica major.*
Celle-ci ne differe de la précédente que par la groffeur de fa bulbe, qui eft à-peu-près double, & par
fes feuilles qui font de grandeur plus que double.
Il eft affez rare de conferver plufieurs années cette
Échalotte fans dégénérer ; ce qui me feroit penfer
que la petite Échalotte n'eft que la groffe dégénérée. Cette altération n'eft pas étonnante dans une
plante exotique, à laquelle on ne connoît pas encore le terrein & la température convenables.

Culture. Dans le commencement de Mars il faut
féparer les tubercules des bulbes d'Échalotte ; les
planter à quatre pouces de diftance en bordures ou
en planches bien labourées ; ne les point enterrer
ni enfoncer plus qu'à fleur de terre. Elles ne demandent ni arrofement, ni d'autre culture que d'être
farclées au befoin. On peut faire ufage des bulbes
vertes dès le mois de Mai. Vers la fin de Juin,
lorfque les feuilles font entierement féches, on
déterre toutes les bulbes; on les laiffe quelques jours
expofées au foleil, enfuite on les ferre en lieu fec.

XXVIII. ÉPINARD.

1.PETIT ÉPINARD , Épinard commun, *Spinacia minor.* L'Épinard, dont on ignore la patrie, & qui a été inconnu aux Anciens, eſt une des plantes les plus communes dans nos potagers, & des plus employées dans la cuiſine. Sa racine eſt un pivot long de quatre ou cinq pouces ſur ſix ou ſept lignes de groſſeur dans ſon plus grand diametre, blanc, quelquefois teint de rouge, ſur-tout aux individus mâles, & garni de quelque chevelu ou fibres déliées. Les feuilles qui naiſſent du ſommet de la racine acquierent cinq ou ſix pouces de longueur ſur quatre ou cinq pouces de largeur; elles ont à leur épanouiſſement une ou deux grandes découpures longues, étroites & pointues; du reſte elles ſont unies, terminées en pointe, & portées par un long & gros pédicule creux en dedans, cannelé en dehors. Du centre de ces grandes feuilles s'éleve une tige haute de deux ou deux pieds & demi ſur ſept ou huit lignes de diametre, cylindrique, creuſe en dedans, ſouvent cannelée en dehors & quelquefois unie. Elle eſt garnie de feuilles oppoſées ou preſqu'oppoſées, d'autant moins grandes & moins découpées qu'elles naiſſent plus loin du pied; de ſorte que vers l'extrémité de la tige elles ont à peine deux ou trois lignes de largeur, & n'ont aucune découpure, ou n'en ont que de fort étroites. La tige est terminée par un panicule de fleurs très-nombreuses, qui dans les individus mâles font composées d'un calice à cinq divisions, & de cinq étamines assez longues, garnies de leurs sommets : dans les individus femelles, elles font composées d'un calice à quatre divisions, & de quatre styles terminés par des stigmates, & suivies de graines pyriformes, ou ovoïdes applaties, renfermées dans une membrane garnie de deux à quatre cornes ou épines fortes & très-aiguës, ou dans une membrane ronde & lisse ; car il y a deux variétés de cet Épinard, qui ne different que par la graine épineuse dans l'une, & unie dans l'autre. Cette derniere est plus commode à semer. De l'aisselle de chaque feuille de la tige il fort un panicule, mais beaucoup moidre que celui qui la termine.

2. GRAND ÉPINARD, *Spinacia major*. Les feuilles de cette variété font beaucoup plus grandes que celles de l'Épinard commun. Souvent elles excedent neuf pouces de longueur, fur fept ou huit pouces de largeur ; font plus larges ou moins élancées, plus épaisses. Sa tige s'éleve de trois à quatre pieds, & prend de huit à dix lignes de diametre. Ses fleurs & fes graines font les mêmes

& de même grosseur. Elle est plus profitable, & résiste mieux aux fortes gelées.

Culture. Dans une terre bien labourée, ameublie & amendée, on seme la graine d’Épinard en rayons, on la recouvre au rateau, on la marche, ou on bat la terre avec le dos de la béche; aussitôt on donne une bonne mouillure, & le lendemain on couvre la planche de terreau, si l’on en a. La graine d’Épinard commun levera en peu de tems; celle du grand Épinard ne levera qu’en quinze ou vingt jours. Cette plante n’exige que d’être mouillée au besoin, & sarclée exactement.

1°. On seme de l’Épinard à la mi-Août, qui est bon à cueillir, & non pas à couper au commencement d’Octobre. On en seme à la mi-Septembre qui ne se cueille ordinairement qu’en Décembre. Ces deux semis fournissent pendant l’hiver. On en seme encore au commencement d’Octobre qui ne se coupent qu’après l’hiver, succèdent aux deux semis précédens, & fournissent jusqu’aux nouveaux. De ces semis faits avant l’hiver, on conserve la quantité convenable de pieds pour porter de la graine; ils montent dès le commencement de Mai : lorsque la fleur est passée, il est bon d’arracher les pieds mâles. On soutient les tiges du grand Épinard, & aussi-tôt qu’elles commencent à jaunir, on les coupe, on les expose au soleil sur un drap

pendant quelques jours, où la graine acheve de mûrir ; aussi-tôt on la bat & on l'enferme en lieu sec ;
elle se conserve trois ans. Celle des semis du printems est égale en bonté, mais moindre en quantité.

2°. Au commencement de Mars on reprend les
semailles d'Épinard, & depuis ce tems jusqu'à la
fin de l'été on en se me tous les quinze jours, parce
qu'il ne se coupe qu'une fois ; il faut même pendant l'été, le semer à l'ombre & le mouiller très-
fréquemment pour l'empêcher de monter en graine
presqu'en naissant.

XXIX. ESTRAGON.

ESTRAGON, Targon, Serpentine, *Abrotanum
lini folio acriori & odorato.* I. R. H. Cette plante
est vivace, & forme une touffe de petites tiges cylindriques, hautes de dix-huit à vingt-quatre pouces, garnies de feuilles alternes, longues d'un à
trois pouces, larges de deux à six lignes, lisses,
unies par les bords, d'un vert clair. De l'aisselle
des feuilles il sort des branches garnies de feuilles
& de petits rameaux disposés dans le même ordre.
Les rameaux de la partie inférieure des tiges &
de leurs branches s'alongent très-peu, (rarement
plus d'un pouce,) & ne portent que des feuilles ;
les autres se terminent par des panicules & petits

épis de très-petites fleurs peu apparantes, les unes femelles, les autres hermaphrodites, dont les pétales ne s'épanouiſſent point ; les unes & les autres ſont ſuivies de fort petites graines.

Culture. Quoique cette plante ſe multiplie facilement de ſemences, il eſt plus ordinaire de la propager de boutures, ou mieux de pieds éclatés. Au printems, dès qu'on apperçoit ſes drageons ſortir de terre, on arrache quelques touffes, on les ſépare, & on plante chaque partie à un pied de diſtance en terre bien labourée. Il faut arroſer, ſerfouir, ſarcler ce plant, en couper tous les quinze jours, dans l'été, une partie, afin qu'il pouſſe de nouvelles tiges, dont la feuille ſoit tendre. En Novembre il eſt bon de couper tout l'Eſtragon à fleur de terre, & de couvrir les pieds d'un pouce de terreau. Dans le même tems on peut en tranſplanter quelques pieds ſur couche, ſi l'on veut en avoir pendant l'hiver. Tous les trois ans il faut renouveller la plantation d'Eſtragon.

XXX. FENOUIL.

1. **F**ENOUIL commun, Anis doux, *Fœniculum vulgare ſativum.* Cette plante, qui croît naturellement en Afrique, & même dans pluſieurs de nos Provinces, a été tranſportée dans les Potagers &
adoucie

adoucie par la culture. Elle eſt vivace par ſa racine qui eſt unique, droite, en navet alongé. De ſon collet il naît des feuilles aſſez grandes, aîlées à trois ou quatre rangs, laciniées en longs filamens, portées par des queues cylindriques ſans ſillon; & il s'éleve une tige à quatre ou cinq pieds, cylindrique, droite, pleine d'une moële blanche & fongeuſe, garnie dans un ordre alterne de feuilles, dont le pédicule, large & membraneux à ſa naiſſance, embraſſe la tige ſans faire anneau. Vers ſon extrémité elle ſe diviſe en pluſieurs rameaux qui ſe terminent par de larges ombelles de petites fleurs jaunes à cinq pétales, cinq étamines, deux piſtils, portées ſur un calice qui ſe change en deux graines brunes, aſſez groſſes, nues, oblongues, plates & unies d'un côté, convexes & cannelées de l'autre.

2. FENOUIL doux, Fenouille de Florence, *Fœniculum dulce officinarum*. C. B. P. Les feuilles de cette variété ſont plus petites, ſa tige s'éleve beaucoup moins, & ſes graines ſont triples en groſſeur, d'une ſaveur & d'une odeur plus douces & plus agréables. Ses autres caracteres varient, & elle eſt fort ſujette à dégénérer. Les autres eſpeces & variétés de Fenouil appartiennent plus à la Botanique.

Culture. Le Fenouil ſe ſeme par rayons au mois

de Mars en planches ou en bordures, dans un terrein meuble & bien labouré, qui ne foit ni froid ni trop humide. Si le tems eft fec, on l'arrofe un peu pour le faire lever. En Mai on l'éclaircit ou on le repique & on le farcle. Il n'exige point d'autre culture. Mais fi l'on veut en faire le même ufage que du Céleri, auquel il eft bien fupérieur dans les climats & les terreins qui lui conviennent, il faut femer le Fenouil doux en Mai ou au commencement de Juin ; lorfque le plant eft affez fort, le repiquer en planches comme le Céleri, à un pied de diftance en tout fens ; le mouiller fouvent pour qu'il profite ; le butter lorfqu'il a acquis une force fuffifante.

XXXI. FEVE DE MARAIS.

1. LA GROSSE FEVE de Marais, *Faba hortenfis major*, éleve à deux ou deux pieds & demi, d'une à trois tiges creufes, quadrangulaires, ou relevées de qatre arrêtes faillantes, garnies de feuilles dans un ordre alterne ; compofée de deux à fix ou huit folioles prefque ovales, qui ne font pas articulées, mais font corps avec un pédicule triangulaire, fillonné, aîlé à fa naiffance, faifant auffi corps avec la tige, & terminé par une très-petite

vrille simple qui tient lieu d'impaire. Le nombre des folioles est moindre à proportion que la feuille naît plus près du pied de la plante, mais elles sont plus grandes, (longues de trois pouces & demi, sur deux pouces & demi de largeur), plus étroites à leur épanouissement, & plus larges & arrondies à leur extrémité. Les feuilles de la Feve sont d'un vert lavé de bleu. Des aisselles des feuilles supérieures à la quatrieme ou cinquieme, il sort des épis de trois à neuf fleurs papillonnacées, attachées à un pédicule commun, composées d'un calice tubulé à cinq divisions; de cinq pétales, dont le supérieur ou étendart se releve, & est blanc légérement teint de rouge ou pourpre à sa base, & rayé en dedans d'un grand nombre de lignes ou traits déliés d'un violet presque noir : les deux aîles ou pétales latéraux sont d'un noir vélouté, bordés de blanc; & les deux inférieurs ou la nacelle, sont fort petits & blancs : de deux faisceaux, chacun de cinq étamines blanches, & d'un pistil qui se change en une gousse ou silique un peu charnue, couverte d'un duvet très-fin, presque cylindrique pendant qu'elle est verte, contenant de trois à six graines ou Feves, longues de dix à douze lignes, sur sept ou huit de largeur, plates, presqu'ovales, & couvertes d'une peau fort dure. Lorsqu'elles sont parvenues à leur

maturité, les gouffes, & toute la plante, fe defféchent & deviennent noires.

2. LA PETITE FEVE de Marais, Feve Julienne,
Faba hortenfis minor, n'eft admife dans les Potagers
qu'à caufe de fa précocité.

3. LA FEVE de Marais à chaffis, *Faba hortenfis
pumila*, n'eft pas plus groffe que la précédente ;
mais elle mérite d'être cultivée, parce qu'elle
rapporte beaucoup, & parce que ne s'élevant
que de huit à douze pouces elle eft propre à
être cultivée fous chaffis, & à former de jolies
bordures.

4. LA FEVE d'Angleterre ou Feve de Marais
ronde, *Faba hortenfis major rotunda*, auffi groffe
& plus délicate que le n°. 1, en differe par fa
forme qui eft ronde & plate, imitant celle de la
lentille.

La plupart de ces variétés de Feves ont une
fous-variété de couleur rouge. Plufieurs autres
variétés de Feves, que je pourrois ajouter, font
méprifables. Celle à fleur rouge n'intéreffe que
par la couleur de fa fleur.

Culture. La groffe Feve de Marais (la culture
des autres eft la même) aime une bonne terre,
plutôt forte que légere, bien labourée, fumée
& amendée. On en feme dès les mois de Décembre & de Janvier au pied des murs, à l'expofition

du Midi. Celles qu'on peut défendre des gelées, des mulots & autres animaux, donnent du fruit en Mai. Depuis le mois de Février jufqu'à la fin d'Avril, elle fe feme en planches ou autrement, par rayons, ou mieux par touffes. Lorfque le plant a quatre ou cinq feuilles, il eft bon de le ferfouir en approchant la terre autour du pied pour le chauffer. Il ne demande point d'autres foins jufqu'à ce qu'il foit en fleur. Alors on pince ou on coupe au-deffus du dernier épi, l'extrémité des tiges qui confommeroit inutilement la feve, & qui étant plus tendre que le refte de la plante, eft plus fujette à être attaquée du puceron. On ne feme point de Feves de Marais après le mois d'Avril, parce qu'ordinairement le jeune plant eft ruiné par cet infecte. Mais après la récolte en vert des premiers femis on peut couper les tiges à fleur de terre. Il en repouffe de nouvelles qui donneront une feconde récolte à la fin de l'été, fi le puceron ne les dévafte point.

Lorfque les pieds qu'on réferve pour graine font noirs & defféchés, on les arrache, on les bat, & on enferme les Feves en lieu fec. Elles font bonnes à femer pendant deux ans.

XXXII. FRAISIER.

LE FRAISIER, *Fragaria*, est une plante vivace dont les feuilles sont disposées dans un ordre circulaire ou spiral, autour d'un support ou d'une petite tige longue d'un à trois pouces, qui est embrassée par des stipules ou membranes minces, coriacées, transparentes, longues, terminées en pointe qui accompagnent les queues des feuilles à leur naissance, & se recouvrent l'une l'autre.

La feuille portée par une queue longue de quatre à huit pouces, menue, cylindrique, creusée d'un petit sillon, est composée de trois folioles de forme & de grandeur différentes, garnies par les bords de dents aiguës & longues, dont la pointe est de même couleur que le fruit. La foliole directe est assez réguliere, moins large à son extrémité qu'au milieu, & terminée en pointe à son épanouissement. Les deux folioles latérales sont de forme irréguliere, & semblent composées chacune de deux folioles réunies. Les appendices ou petites folioles de diverses forme & grandeur qui se trouvent souvent sur la queue des feuilles, & quelques feuilles à cinq folioles bien formées & bien distinctes que produisent les pieds très-vigoureux, rendent cette réunion évidente.

Chaque queue de feuille couvre sous son aisselle

un œil. Lorſqu'il s'ouvre, il produit une autre tige ou œilleton ; ou une branche ou pouſſe rampante, longue d'un à trois pieds (elle ſe nomme filet, coulant, fouet, traînaſſe, &c.) cylindrique, droite, menue, garnie de pluſieurs nœuds embraſſés par des gaînes qui couvrent chacune un œil. Ces yeux produiſent de deux l'un alternativement des œilletons qui s'enracinent & propagent le Fraiſier. Les autres yeux alternatifs demeurent fermés, ou ſi le filet eſt vigoureux, ils produiſent autant de branches qui font les mêmes productions dans le même ordre.

Il s'éleve du centre des tiges ou œilletons capables de fécondité, des tiges beaucoup plus groſſes & beaucoup moins longues que les filets, qui ſe diviſent & ſous-diviſent en petits rameaux enveloppés d'une gaîne à leur naiſſance, & terminés par un bouton à fleur. Ces tiges font verticales, & plus ou moins hautes & rameuſes ſuivant la variété.

La fleur eſt compoſée d'un calice d'une ſeule piece échancré profondément en dix diviſions longues, & terminées en pointe, dont les cinq intérieures, ordinairement les plus grandes, ne varient point de forme ; & les extérieures n'ont ni forme ni grandeur conſtantes. De cinq pétales blancs diſpoſés en roſe, plus ou moins grands

ſuivant la variété de Fraiſier, & l'endroit où naiſſent les fleurs ; car celles qui ſortent des premiers
nœuds de la tige ſont les plus grandes, & ont
ordinairement plus de cinq pétales , & plus de
dix diviſions au calice ; les autres diminuent de
grandeur à proportion qu'elles ſortent de nœuds
ou terminent des rameaux plus éloignés de la tige.
De vingt étamines , ou plutôt d'autant de fois quatre étamines qu'il y a de pétales placés régulierement & ſur un ſeul rang dans les fleurs des Fraiſiers d'Europe ; & d'autant de fois cinq étamines , qu'il y a de pétales dans les fleurs des Fraiſiers d'Amérique. D'nn gros ſupport charnu , hé-
miſphérique , quelquefois un peu conique , garni
de cent (ſouvent plus) piſtils , dont l'embryon
porte un petit ſtyle ſurmonté d'un ſtigmate.

Le ſupport devient un fruit fondant , ſucculent,
de couleur & ſaveur différentes ſuivant la variété,
de groſſeur & de forme pareillement différentes
ſuivant la variété , & ſuivant la grandeur de la
fleur qui l'a produit , portant ſur la ſurface de la
peau des ſemences nues. Nous décrirons les fleurs
& les fruits qui naiſſent des premiers nœuds des
tiges.

1. FRAISIER commun à fruit rouge , Fraiſier de
bois , *Fragaria vulgaris fruĉtu rubro*. Ce Fraiſier ,
cultivé dans un bon terrein , forme une touffe de

quinze à vingt œilletons, dont les feuilles font
nombreufes & grandes, leurs folioles ayant quelquefois trois pouces & demi de longueur fur deux
& demi de largeur ; bordées de dents longues &
très-aiguës. Ses tiges, fort rameufes, s'élevent de
fix à dix pouces. Ses fleurs font bien ouvertes ,
larges de neuf ou dix lignes. Ses fruits ordinairement très-raccourcis, quelquefois ovales tronqués
par un bout , de huit ou neuf lignes de diametre
fur une hauteur de fix à dix lignes , font lavés de
rouge & teints de rouge foncé vif & brillant, délicats, d'un goût & d'un parfum relevé & excellent.
Les premiers fruits mûriffent vers la fin de Mai à
l'expofition du Midi , & les derniers vers la mi-
Août à l'expofition du Nord.

2 FRAISIER à fleur femi-double , *Fragaria vulgaris flore femi-duplici.* Cette variété du Fraifier
commun produit de bon fruit , mais fort petit
Elle n'eft intéreffante que par fes jolies fleurs, qui
ont de vingt à quarante-cinq pétales inégaux , difpofés fur plufieurs rangs.

3. FRAISIER fans-coulans , Fraifier-buiffon
Fragaria vulgaris fine flagellis repentibus. C'eft une
autre variété du Fraifier commun, qui au lieu de
produire des filets, multiplie fes œilletons quelquefois jufqu'au nombre de cent, qui forment une très-
groffe touffe, & par conféquent donnent des fruits

très-nombreux. Il a une fous-variété à fruit blanc.

4. FRAISIER commun à fruit blanc, *Fragaria vulgaris fructu albo*. C'est encore une varieté du Fraisier commun, qui n'en diffère que par la couleur du fruit, qui a moins de goût & de parfum. Ses filets, fes tiges, & l'onglet des dents de fes feuilles font blancs.

Il a une fous-variété propre pour les chaffis, parce qu'elle eft fort hâtive, & que fes tiges & les queues de fes feuilles s'élevent peu. On la nomme *Fraifier-à-chaffis*, ou *Fraifier blanc hatif d'Angleterre*.

5. FRAISIER de Montreuil, Fraifier freffant, *Fragaria hortenfis fructu rubro*. Ce Fraifier eft le Fraifier commun des bois, ou une variété dont le plant élevé & cultivé dans un bon terrein, & tranfplanté dans les Potagers, produit des fruits plus gros, mais moins parfumés, fouvent très-anguleux & comme formés de plufieurs fruits réunis ; effets de la culture & de la bonté du terrein. Il a une fous-variété à fruit blanc.

Il fe trouve dans les bois plufieurs variétés de Fraifier commun, dont la culture rend le plant plus ou moins fort, & le fruit plus ou moins gros, plus ou moins arrondi. Souvent avec le bon plant on arrache & on tranfplante un Fraifier ftérile, connu fous le nom de *Fraifier çoucou*, que l'on ne distingue que dans la suite par ses tiges grêles, longues, effilées, & par sa stérilité.

Dans les bois de Franche-Comté & du Poitou on trouve un Fraisier fort différent du Fraisier commun. La plante & les tiges ressemblent beaucoup à celle du Fraisier vert. Les fleurs sont plus grandes & les pétales d'un blanc pur. Le fruit est très-alongé, renflé par la tête, tronqué par les deux extrémités. Ses semences sont enfoncées dans des cavités ou alvéoles, fort peu nombreuses. Il a un parfum très-fort & très-fin. Mais il donne très-peu de fruit s'il n'est planté au pied d'un mur, ou bien abrité. Aussi se place-t-il dans les bois au pied des buissons, & jamais dans des endroits découverts.

6. FRAISIER des Alpes, Fraisier des mois, *Fragaria minor semper florens ac frugescens Alpina*. Ce Fraisier est moindre que le Fraisier commun cultivé dans toutes ses parties & ses productions ; mais il a l'avantage d'une fécondité que l'art peut rendre presque continuelle. Non-seulement les touffes formées donnent du fruit, mais les œilletons qui naissent des filets ont à peine quelques feuilles (souvent ne sont pas encore enracinés) qu'ils poussent une tige, & fleurissent. Les plus hautes tiges de ce Fraisier ont rarement plus de six pouces, & ne sont pas fort rameuses. Les fleurs sont larges de six ou sept lignes, & bien ouvertes. Les

fruits font très-alongés, de forme conique. (Sur le plant vieux & dégénéré ils fe raccourciffent beaucoup, mais ils fe terminent en pointe ; & rarement ils prennent une forme fphéroïde). Leur couleur eft d'un rouge brun plus foncé que celle des Fraifes communes ; le goût & le parfum font les mêmes. Il a une fous-variété à fruit blanc.

7. FRAISIER de Bargemon. *Fragaria minor bifera.* Ce Fraifier n'eft pas plus grand que le précedent ; mais fes tiges & les queues de fes feuilles font moins groffes ; il talle beaucoup plus, & donne du fruit très-abondamment (aucun Fraifier n'eft auffi-fécond). Son fruit eft petit, arrondi, ou fphéroïde, blanc ou très-légérement lavé de rouge, & teint d'un beau rouge-vif, très-abondant en eau d'un goût fin très-agréable. Je ne fais fi aucun Fraifier mérite plus d'être cultivé. Dans une bonne expofition & avec les fecours de l'art on peut en tirer une feconde récolte en automne.

8. FRAISIER vert, *Fragaria gracilis, flore & fructu fubviridibus.* Toutes les parties de ce Fraifier font plus grêles que celles des Fraifiers précédents. Ses folioles, longues de deux pouces & demi fur deux pouces de largeur, font bordées de dents longues & très-aiguës, & confervent l'impreffion des plis en éventail qu'elles avoient avant leur développement: prefque toutes les queues des feuilles

portent deux appendices. Comme il talle beaucoup, il pousse un grand nombre de tiges fort longues, peu rameuses, qui ne portent chacune que
de huit à quinze fleurs, de la même grandeur que
celles du Fraisier commun, dont les pétales plissés,
contournés, mal épanouis, sont de couleur herbacée, qui s'éclaircit ensuite & devient d'un blanc
mêlé de vert. Les fruits, de forme sphéroïde, très-
applatie par les extrémités, & souvent mal arrondie sur le diametre, d'un vert blanchâtre & lavés
de rouge brun, fermes, très-abondants en eau
d'un goût & d'un parfum agréables, fort adhérents
au calice, hauts de six à sept lignes sur sept ou huit
lignes, murissent presque tous en même-tems. Les
tiges étant trop foibles pour porter le fruit, il faut
le chercher parmi les feuilles, & souvent à terre.
Le Fraisier de Bargemon a le même défaut.

9. FRAISIER-CAPERON, *Fragaria scabra, fructu
purpureo majore moschato.* Les touffes de ce Fraisier,
par le nombre de leurs œilletons & de leurs feuilles,
sont plus grosses que celles d'aucun autre Fraisier,
excepté du Fraisier sans-coulans. Toutes ses parties
sont plus grandes, plus fortes, garnies de duvet
plus rude & plus épais que celles des Fraisiers précédents. Souvent ses folioles ont plus de quatre
pouces de longueur sur trois pouces & demi de
largeur. Ses tiges sont grosses, droites, & tous
leurs rameaux s'élevant à la même hauteur & se

rapprochant , les fleurs , qui s'ouvrent prefque toutes en même-tems , forment un bouquet. Elles ont un pouce de diametre ; & leurs pétales , bien arrondis , font d'un blanc très-pur. Ses fruits font gros , très-adhérents au calice , d'une forme prefque ovoïde tronquée vers la queue , blancs de cire ou lavés de rouge clair & teints de rouge pourpre, fermes, un peu fecs, d'un goût peu agréable mêlé de miel & de mufc.

Ce Fraifier étant hermaphrodite , quoique fes fruits ne foient propres qu'à couronner un plat d'autres fraifes , doit être cultivé pour féconder les deux Fraifiers fuivans , préferablement au Caperon , anciennement connu ('dont il eft une variété perfectionnée) , duquel les deux fexes font féparés fur des individus différens : car la culture d'un Fraifier qui porte du fruit , tel quel , eft moins ingrate que celle d'un Fraifier d'autant plus vigoureux qu'il eft ftérile , qui porte fort loin fes filets & de nouveaux pieds.

10. FRAISIER-FRAMBOISE , *Fragaria fcabra flore fœmineo , fructu rubro majore , baccæ idææ fapore.* Toutes les parties de ce Fraifier font entierement femblables à celles du précédent. Chaque individu ne porte que des fleurs mâles , ou des fleurs femelles. On ne plante que les individus femelles , & on fait féconder leurs fleurs par celles du Caperon hermaphrodite. Ses fruits de mêmes

forme & groffeur que les Caperons , d'un beau
jaune ou lavés de rouge clair & teints d'un rouge
cérife , font fondants , abondants en eau vineufe , parfumés de Framboife.

11. FRAISIER-ABRICOT , *Fragaria fcabra flore
fœmineo , fructu hinc rubro , indè albido.* Cette variété ne differe du Fraifier précédent que par
fes fruits qui font plus fouvent de forme fphéroïde qu'ovoïde , d'un rouge brun foncé & d'un
blanc de cire ou très-légérement lavés de rouge ,
fondants, mais d'un goût & d'un parfum très-peu
relevés.

12. FRAISIER écarlate , Écarlate de Virginie ,
fouvent mal nommé Fraifier de Hollande, de Barbarie , de Siam , Caperon, &c. *Fragaria glabra ,
fructu coccineo , Virginiana.* Les feuilles de ce Fraifier font d'un vert lavé de bleu , liffes , très-minces;
leurs folioles d'une forme alongée , garnies par les
bords de dents fort longues , étroites & aiguës ,
fouvent font longues de cinq pouces fur trois &
demi de largeur, fe foutiennent mal , fe renverfent , fe roulent. Les pétales des fleurs , fouvent
au nombre de fix ou fept, font prefqu'ovoïdaux.
Les tiges fort courtes, dans une direction oblique,
peu rameufes , ne portent fouvent que quatre ou
cinq fleurs , dont les dernieres nouent rarement,
Les échancrures du calice demeurent appliquées

fur le fruit & le couvrent jufqu'à fa maturité. Il eft de forme ovoïde tronquée, de la groffeur des fraifes communes, de couleur écarlate vive, & légérement lavé de la même couleur ou blanc, fondant, d'un goût & d'un parfum propres, peu agréables. Nulle fraife n'a les pépins placés dans des alvéoles auffi profondes.

On cultive ce Fraifier parce qu'il fe foutient & réuffit bien fous chaffis, & parce qu'il eft hâtif.

13. FRAISIER du Chili, *Fragaria pubefcens ; flore ampliffimo, fructu maximo, Chiloenfis.* Toutes les parties de ce Fraifier font fort groffes, & couvertes d'un duvet blanchâtre long & épais. Dans notre climat fa végétation eft lente ; fes œilletons font peu nombreux & peu garnis de feuilles, qui font moins grandes que celles de notre Fraifier commun, d'une étoffe très-épaiffe; leurs folioles fort larges à proportion de leur longeur, font bordées de dents courtes & peu aiguës. Ses tiges fort groffes fe foutiennent rarement droites, fe ramifient peu, ne portent que fept ou huit fleurs au plus. Ses fleurs font très-grandes, (quelques-unes excedent dix-huit lignes d'étendue), ordinairement mal épanouies ; elles ont plus de quarante étamines fort courtes, dont les fommets font avortés & fans pouffiere féminale. De forte que ce Fraifier eft ftérile, fi fes fleurs ne font fécondées par celle

celle de quelqu'un des Fraisiers suivans ; car il ne
s'allie avec aucun des précédens , excepté avec le
Caperon. Comme il est tardif, il faut le planter
à la meilleure exposition, pour avancer sa fleur, &
au contraire retarder la fleurison des Fraisiers des-
tinés à le féconder. Son fruit est la plus grosse de
toutes les fraises, ordinairement de forme alongée
plus ou moins réguliere, suivant que la fleur a
été plus ou moins fécondée ; la peau est lisse , brillante, d'un beau rouge peu foncé, & très-légere-
ment lavée de rouge. La chair est ferme, pleine d'eau
très-fraîche d'un goût & d'un parfum peu relevés.

Ce Fraisier, qui ne peut subsister dans les terres
froides & compactes, n'étant pas touffu , & ne
produisant que deux ou trois fruits sur chaque
tige, n'est pas d'un grand rapport.

14. FRAISIER de Bath, *Fragaria flore amplo ,
fructu maximo hinc albo , indè dilutè coccineo , Ba-
thonica.* Ce Fraisier provenu du précédent, fé-
condé par un Fraisier de quelqu'autre race , lui
ressemble beaucoup au printems lorsque ses feuilles
naissantes, très-étoffées, ses grosses tiges , ses gros
& vigoureux filets, n'ont pas encore acquis toute
leur grandeur ; mais toutes ces parties sont beaucoup moins garnies de poil. Dans un bon terrein
frais & cultivé, ses feuilles , portées par de fort
longues & grosses queues, sont souvent à quatre

folioles, longues de quatre pouces & demi,
larges de trois pouces, d'une étoffe liffe, b
lante, forte, épaiffe, garnies de grandes de
arrondies. Ses tiges, qui s'élevent beaucoup pl
que celles du Fraifier du Chili, & font un peu pl
rameufes, portent une dixaine de boutons à fleur
dont les derniers ne s'ouvrent point. Les fleur
larges de douze à quatorze lignes, font grandes
bien épanouies, hermaphrodites parfaites. Se
fruits, fphéroïdes, fouvent ovoïdes tronqués, on
un pouce de diametre & autant de hauteur ; leur
peau eft d'un rouge écarlate peu foncé, & blanch
ou rarement lavée de rouge : les femences font dan
des alvéoles affez profondes : la chair moins ferme
que celle des fraifes du Chili, eft d'un goût &
d'un parfum foible, mais elle eft fort pleine d'eau.

Ce Fraifier cultivé dans un terrein qui lui convient, devient le plus grand de tous.

15. FRAISIER ananas, *Fragaria flore amplif*
fimo, fructu magno ananæ faporem & odorem re
ferente. Ce Fraifier né des femences du Fraifier
du Chili, fécondées par le Caperon, reffemble
beaucoup au Fraifier de Bath, auquel il eft un
peu inférieur en grandeur ; fes feuilles font plus
liffes, & toute la plante eft plus garnie de poil.
Ses fleurs font égales (quelquefois plus grandes)
à celles du Fraifier du Chili, mieux ouvertes,

& réuniffent les parties des deux fexes néceffaires à la fructification. Comme leur épanouiffement
eft fucceffif, à de grands intervalles, il eft plus
propre que tout autre à féconder celui du Chili
qui fleurit tard. Ses fruits font prefqu'auffi gros
que la fraife de Bath ; les plus gros font ovoïdes ,
les autres font ordinairement fphéroïdes fort ap-
platis. Leur peau très-liffe & brillante , eft d'un
côté teinte de rouge un peu ponceau , & de l'autre
légérement lavée de rouge fur un fond jaune très-
clair. Leur chair eft pleine d'eau d'un goût & d'un
parfum très-agréables , imitant un peu ceux de
l'ananas.

16. FRAISIER de Caroline, *Fragaria flore amplo , fructu magno , rotundo , Carolinienfis.* Ce
Fraifier un peu moindre que le précédent dans
toutes fes parties , lui reffemble beaucoup. Il eft
moins garni de poil. Ses fleurs font moins grandes.
Ses fruits plus fouvent arrondis , ou un peu alon-
gés , qu'ovoïdes , prennent beaucoup plus de couleur ; & leur parfum différent eft plus relevé que
celui de la fraife de Bath.

Les femences de la fraife du Chili , ont produit
plufieurs autres variétés de Fraifiers qui different
peu des précédentes. Il y en a cependant une remarquable , dont le fruit a la peau d'un rouge très-
foncé , & la chair prefque toute teinte de rouge.

Les huit premiers Fraiſiers, & leurs ſous-variétés, ſont originaires de notre Continent, qui a produit pluſieurs autres variétés plus intéreſſantes pour les Curieux que pour les Cultivateurs. Nous devons les autres au Nouveau-Monde.

Culture. Le Fraiſier ſe multiplie par les jeunes pieds provenant des filets, ou mieux par les œilletons éclatés des touffes, ou mieux encore par les ſemences.

Les graines doivent être recueillies ſur les plus belles fraiſes parfaitement ou même exceſſivement mûres, & ſemées, comme nous l'avons marqué pour les petites graines à l'article des Semis. Elles levent en dix ou douze jours, ſi elles ſont toutes fraîches ; en vingt jours, ſi elles ſont anciennes. Lorſque le plant a cinq ou ſix feuilles on peut le repiquer en pépiniere, ou en place à demeure.

La plantation des Fraiſiers, élevés de graines tirés des bois, éclatés des vieux pieds, nés de filets, ſe peut faire en toute ſaiſon, mais mieux en Avril, afin que le plant ne puiſſe pas donner de fruit dans la même année; & qu'au-lieu de s'épuiſer à produire quelques fraiſes, il ſe fortifie, & multiplie ſes tales ou œilletons pour donner l'année ſuivante une récolte abondante. Si l'on a ramaſſé le plant dès l'automne ou pendant l'hiver, il faut le planter en jauge, & ne le mettre en place qu'en Avril; & si quelques pids pouffent une tige, la couper avant que les fleurs s'ouvrent.

Le Fraisier se plante en planches mieux qu'en bordures, à la houlette ou à la cheville; les variétés qui sont grandes ou qui talent beaucoup, à une distance de quinze à dix-huit pouces entre chaque pied; les autres, à dix ou douze pouces.

Il se plaît dans une bonne terre légere, meuble & fraîche; & il aime à être défendu des rayons brûlans du soleil pendant quelques heures de la journée. Les labours, binages, serfouiffages, lui sont néceffaires. Les arrosemens fréquens augmentent sa vigueur, & la groffeur de son fruit, mais ils en affoibliffent le parfum.

Couper toutes les feuilles du Fraisier après la récolte du fruit, c'est une mauvaise pratique, qui fait périr beaucoup d'œilletons & souvent des pieds entiers. Il faut seulement retrancher tous les filets qui ne sont pas néceffaires pour remplacer les pieds morts, ou pour fournir de nouveau plant; & ensuite biner & réchauffer le Fraisier, afin qu'il tale & se fortifie.

Ordinairement le plant du Fraisier après avoir donné deux récoltes, se dégarnit,& la plus grande partie périt. Dans quelques terreins il se soutient trois & même quatre ans. Comme cette plante effrite beaucoup la terre, on ne doit la remetre dans la même place que dix ou douze ans après.

On fait plusieurs plantations de Fraisiers des Alpes depuis le commencement de Mars jusqu'à la fin de Juin (le plant élevé de graine est préférable ; on peut semer depuis le mois de Février, jusqu'à la fin de Juillet,) afin de faire des récoltes successives dans la même année jusqu'à la fin de l'automne. Ces nouveaux plants portent du fruit non-seulement sur les tales des pieds ; mais sur les jeunes œilletons qui naissent de leurs filets. L'année suivante ils donneront une récolte en même tems que les autres Fraisiers. Aussi-tôt après cette récolte, il faut retrancher tous leurs filets, réchauffer les pieds, donner quelques arrosemens pendant l'été ; ils produiront une seconde récolte abondante en automne. Ensuite il faudra détruire le plant.

En Avril on plante en pleine terre, ou en pots, des Fraisiers de bois, de Montreuil, des Alpes, & mieux de Blanc hâtif d'Angleterre, & d'Écarlate. Depuis la fin de Septembre jusqu'à la fin de Janvier on les place sous des chassis, pour se procurer des fraises pendant l'hiver & le printems. Lorsque ces Fraisiers cessent de rapporter, il faut les lever en motte, les replanter en pleine terre, les défendre du soleil, & les arroser jusqu'à ce qu'ils aient bien repris vigueur; ils donneront une nouvelle récolte en Septembre & Octobre.

La chaleur humide des couches fait souvent périr le Fraisier des Alpes. Dans les hivers ordinaires il suffit de le garantir des grands froids avec des caisses couvertes de chassis vitrés, & garnies par dehors de grande paille, de mousse, ou de terre; lever les chassis pour donner de l'air lorsqu'il est supportable.

Dans les terreins chauds & légers, où souvent le ver blanc dévaste les Fraisiers, il faut semer çà & là dans les sentiers & même dans les planches, dès la fin de Février & en Mars, des Feves de Marais ou des Féverolles. Cet insecte préfere les racines tendres de cette plante aux racines presque ligneuses du Fraisier. Aussit-ôt que l'on apperçoit quelque pied de Feve fanné, on fouille & on écrase les vers blancs qu'on y trouve rassemblés en grand nombre. C'est l'expédient le plus sûr pour détruire cet ennemi.

***

XXXIII. GIRAUMON ET PASTISSON.

NOTRE Nomenclature m'a fait séparer du Potiron ces deux plantes exotiques annuelles, qui auroient dû être traitées dans le même article. Leurs caracteres étant les mêmes, j'ajouterai seulement

1°. Que les Giraumons varient beaucoup de forme, de couleur & de groſſeur. Il y en a de ronds, de longs; de différentes nuances de vert, de jaune, de tachetés & de rayés de jaune ſur un fond vert; de gros, de petits; de liſſes, de rudes, de boſſelés, &c. Ceux qui ſont les plus gros, & les mieux arrondis, & dont la peau eſt la moins dure, la moins liſſe, la moins foncée en couleurs, ſont les meilleurs. Leur chair fine, délicate, moins aqueuſe que celle du Concombre, propre aux mêmes uſages, n'en a point le goût fort & déſagréable. Ils ſe conſervent très-avant dans l'hiver.

2°. Qu'il n'y a peut-être aucune plante dont les variétés offrent autant de diverſité dans les fruits, que celles du Paſtiſſon. La plante s'éleve plus ſouvent qu'elle ne rampe. La longueur ordinaire de ſes branches eſt de trois à quatre pieds. Ses feuilles naiſſent peu diſtantes les unes des autres. Ses fruits ſont forts petits par comparaiſon avec ceux de la plupart des plantes de la même famille; leur couleur varie depuis le jaune le plus pâle juſqu'au plus foncé, ſouvent tacheté ou rayé de vert; leur chair eſt ferme & caſſante; coupée par morceaux minces, macerée dans le lait froid pendant trois ou quatre heures, roulée dans la farine ou enveloppée de pâte & frite comme les beignets, elle eſt agréable & d'un goût qui imite celui de l'Artichaud.

La variété la plus cultivée est celle que la singularité de sa forme fait nommer *Bonnet-de-Prêtre*, *Artichaud de Jérusalem*, &c. Ces fruits se conservent jusqu'au-delà de l'hiver.

Je ne fais point mention des Courges, Gourdes, Orangines, Trompettes d'Allemagne, Coloquinelles, &c. fruits agréables à la vue, inutiles pour la vie.

La culture de toutes ces plantes est la même que celle de la Citrouille & du Potiron, ci-devant page 140. Mais comme la plupart grimpent, ou s'élevent droites, il faut les planter au pied des murs, ou leur donner des tuteurs pour les soutenir. Leurs graines se conservent bonnes à semer pendant trois ans.

Cet article est extrait d'un Mémoire de M. Duchesne.

XXXIV. HARICOT.

CETTE plante, que je crois avoir été inconnue ou très-peu connue des Anciens, est annuelle, & cultivée dans tous les Jardins. Ses variétés, dont je ne décrirai que les plus estimées, se sont multipliées au nombre de plus de soixante, distinguées par la grandeur de la plante, la couleur des fleurs,

la groſſeur, la forme, les couleurs, &c. des fruits
qu'on nomme *Haricots*, *Feves*, *Feves de Haricots*,
Pois de mer, &c. Elles ſe diviſent en haricots
nains, bas, ou ſans rames ; & en Haricots à
filets, à rames ou grimpans.

1°. Le Haricot nain forme une petite tige cannelée, dont les feuilles ſont alternes ; de leur aiſſelle il ſort de petits rameaux dont la plupart ſe
ſous-diviſent en de moindres, pareillement cannelés & garnis de feuilles. De l'aiſſelle des feuilles
de ces rameaux, & de celles de la tige, à côté de
la baſe des rameaux, il ſort de longs pédicules,
ou petits rameaux, terminés par des bouquets de
quatre à dix fleurs, oppoſées deux à deux & portées
par un petit pédicule qui s'alonge de trois à douze
lignes. La hauteur totale de la plante eſt de douze
à quinze pouces. Les feuilles ſont portées par une
queue cannelée, longue de trois à ſix pouces, ar-
ticulée ſur une eſpece d'avant-pédicule, long de
deux à quatre lignes, & diviſée à ſon extrémité
en trois pédicules, dont les deux latéraux ſont très-
courts, & celui du milieu eſt long d'un à deux pouces. A ces pédicules ſont articulées trois folioles,
dont les deux latérales ſont diviſées très-inégale-
ment, ſuivant leur longueur, par une nervure,
ce qui ſembleroit indiquer que deux folioles ſont
réunies en une, & que la feuille du Haricot pour-

roit être compofée de cinq folioles, ou aîlée à
deux rangs & une impaire. Ces folioles, à-peu-
près 'égales en furfaces, ont de trois à fix pouces
de longueur, & de deux & demi à quatre pouces
de largeur, fuivant la variété de la plante; leur
plus grande largeur eft près de leur bafe; elles fe
terminent prefque régulierement en pointe, unies
fur les bords, minces, d'un beau vert-pré. Les
fleurs font petites, blanches, ou purpurines, fuivant la variété, compofées d'un calice en godet
labié, dont la levre fupérieure eft échancrée, &
l'inférieure eft à trois divifions larges & pointues;
il eft couvert par deux gaines ou feuilles florales
plus grandes que lui; d'un étendart court, mais fort
large, droit, un peu échancré en cœur, & réfléchi
par les côtés; de deux aîles elliptiques, portées par
de longs onglets, beaucoup plus faillantes, quoique peu plus longues que l'étendart; d'une nacelle
étroite, roulée en fpirale & enveloppant dix étamines en deux faifceaux, & un ftyle placé fur un
embryon fort alongé, qui devient une filique ou
gouffe applatie, terminée par une pointe molle fort
aiguë, divifée par des cloifons tranfverfales très-
minces en plufieurs loges au bout l'une de l'autre,
contenant chacune une femence ou feve. La longueur (de trois à huit pouces) des gouffes, leur
largeur (de quatre à huit lignes,) le nombre de

leurs femences (de trois à quinze) varient fuivant la variété.

2°. *Le Haricot à rames* pouffe de l'aiffelle de fes premieres feuilles trois ou quatre filets grêles, cannelés, qui s'alongent de quatre jufqu'à plus de vingt pieds fuivant la variété, & font garnis de feuilles alternes diftantes de quatre à huit pouces l'une de l'autre. De l'aiffelle de chacune de ces feuilles il fort un bouquet de fleurs. Ces filets fe roulent en vis dans un fens oppofé au mouvement du foleil, c'eft-à-dire, de l'Oueft à l'Eft, autour des rames, ou les unes autour des autres au défaut d'autre appui.

I. *Haricots Nains.*

1. HARICOT gris, *Phafeolus humilis flore purpureo, fructu nigro ex albo virgato.* Le Haricot gris eft le plus hâtif. Sa fleur eft purpurine, fuivie de gouffes tendres & fort longues. La fève jafpée de blanc fur un fond noir eft de groffeur moyenne, alongée, ronde fur fon diametre, fort bonne féche, & en grain tendre; mais l'ufage le plus ordinaire de ce Haricot eft en vert.

2. HARICOT blanc hâtif, *Phafeolus humilis flore albo, fructu nitidè albo.* Cette variété, une des plus eftimables pour être mangée en vert, & pour fon rapport, eft fort baffe. A fes fleurs blanches

fuccedent des gouffes affez longues, bien garnies de feves, d'un blanc pur & brillant, alongées, médiocrement groffes, mais arrondies fur leur diametre. Elle fe feme dans la premiere faifon.

3. HARICOT Suiffe blanc, *Phafeolus humilis flore albo, fructu ex albo rufefcente.* Ce Haricot eft affez hâtif, d'un grand produit pour être confommé en vert feulement ; fa fleur eft blanche, fon fruit à-peu-près de mêmes forme & groffeur que le précédent, mais d'un blanc roux.

4. HARICOT Suiffe gris, *Phafeolus humilis flore purpureo, fructu atro-rubente è nigro maculato.* Il ne differe du Suiffe blanc que par la couleur pourpre de fa fleur, & par la couleur rouge obfcur marquetée de noir de fon fruit, qui eft plus alongé & moins renflé. Il fe feme dans la même faifon, eft d'égal rapport, & de même ufage.

5. HARICOT Suiffe rouge, *Phafeolus humilis flore rubro, fructu pulchrè rubente variè maculato.* Les feuls caracteres qui le diftinguent des deux précédens font fes fleurs rouges, & la marbrure de fes fruits, qui varie fuivant les terreins, fur un beau fond rouge. Les trois Haricots Suiffes fe fement depuis la premiere faifon jufqu'à la derniere. C'eft un mérite : leur bonté eft médiocre. Il y en a plufieurs autres variétés, qui font pareillement de forme cylindrique.

II. *Haricots à rames.*

6. HARICOT grivelé, *Phaseolus scandens flore purpureo, fructu dilutè violaceo è nigro virgato.* Le Haricot grivelé se seme des premiers, & file. Sa fleur est purpurine. Ses gousses assez longues & fort tendres, se rayent de rouge lorsqu'elles parviennent à leur grandeur. Son fruit est de couleur gris de lin jaspé de noir.

7. HARICOT d'Espagne, *Phaseolus scandens major flore puniceo, fructu magno dilutè violaceo è nigro virgato.* Le Haricot d'Espagne se distingue par la longueur de la plante, par ses fleurs couleur de feu, par la longueur de ses siliques d'un vert foncé, & par la grosseur de ses feves gris de lin jaspé de noir, qui surpassent de beaucoup toutes les autres variétés. On y recueille pendant trois mois des gousses vertes, & ensuite beaucoup de feves séches.

8. HARICOT blanc commun, *Phaseolus scandens vulgatior flore albo, fructu absoletè albo.* Ce Haricot se cultive dans toutes les Provinces, quoiqu'inférieur en bonté à beaucoup d'autres variétés, parce qu'il charge bien, & qu'il est également propre à être employé en vert, en feves nouvelles & en feves séches. Sa fleur est blanche; sa gousse de médiocre grandeur; & sa feve d'un blanc sale, applatie & courte.

9. HARICOT blanc hâtif, *Phaseolus scandens flore & fructu albis præcox.* Le Haricot blanc hâtif ressemble beaucoup au commun. Sa feve est d'un blanc moins sale. Il est fort hâtif, & n'est d'usage qu'en vert.

10. PETIT HARICOT rond , *Phaseolus scandens minimus flore albo, fructu rotundo ex albo rufescente.* Quoique ce Haricot soit le plus petit & le plus grêle de tous les Haricots grimpans , il mérite autant qu'aucun autre d'être cultivé , étant de très-grand rapport & excellent en sec. Sa fleur blanche est suivie de petites gousses bien garnies de petites feves d'un blanc tirant sur le roux , presque exactement rondes.

11. HARICOT de Soissons, *Phaseolus scandens flore albo , fructu depresso splendidè albo, serotino.* La fleur du Haricot de Soissons est blanche. Sa gousse fort longue est garnie de huit ou neuf feves applaties , d'un blanc très-pur & brillant , plus grosses qu'aucunes des feves blanches, les meilleures de toutes en grain tendre, & en sec. Comme ce Haricot est le plus tardif, on ne cueille point ses gousses tant qu'on peut espérer que les feves parviendront à maturité, sans être tachées & endommagées par les pluies & les premiers froids de l'automne ; il faut même avoir soin de recueillir les gousses à mesure qu'elles séchent.

Mais lorfque la faifon eft avancée, on confomme
en vert les dernieres gouffes, & en Haricot tendre le grain qui ne pourroit pas mûrir.

12. HARICOT blanc fans parchemin, *Phafeolus
fcandens & flore fructu albis, filiquâ tenerâ.* Lorfque
la gouffe des Haricots a acquis environ le tiers de
fa grandeur, elle n'eft plus comeftible, parce que
fa pellicule ou membrane intérieure devient dure
& coriacée. Dans celui-ci elle demeure tendre
jufqu'à ce que la gouffe foit parvenue à toute fa
grandeur, & commence à fe fécher. Ce caractere,
qui lui eft propre, le rend plus agréable qu'aucun
autre à menger en vert & en Haricot tendre. Sa
fleur eft blanche; fa gouffe fort longue, eft affez
garnie de feves blanches, courtes, plates. Il eft
hâtif & de bon rapport.

13. HARICOT Rognon de Caux, *Phafeolus fcandens flore albo, fructu reniformi albo.* Ce Haricot
eft regardé avec raifon comme un des meilleurs.
Sa fleur eft blanche; fa gouffe fort longue, mais
peu garnie de feves d'un blanc pur, médiocrement
groffes, de la forme d'un petit rognon. Il eft très-
bon en vert, en feves tendres, & en feves féches.

14. PETIT HARICOT rouge d'Orléans, *Phafeolus
fcandens minor flore purpureo, parvo fructu dilutè
purpureo.* Ce Haricot eft auffi eftimable, d'auffi
grand rapport, & de mêmes qualités que le n° 10.

Toutes

Toutes les parties de la plante font petites. Sa fleur eft pourpre ; fon grain nombreux & ferré dans la gouffe, eft ordinairement comprimé par les extrémités, applati fur fon diametre, d'un rouge tirant fur le pourpre clair.

Culture. I. Au commencement de Mars on peut femer des Haricots nains hâtifs pour jouir de ce légume en vert dès la fin de Mai ou le commencement de Juin au plus tard. Il faut remplir de bonne terre meuble des pots à œillets ; femer quatre ou cinq feves dans chacun. Les placer dans une couche fous des cloches ou des chaffis, ou du moins les couvrir de paillaffons, bornés de grande litiere pendant les nuits, & les défendre des gelées & des mauvais tems. Vers la fin d'Avril, par un tems doux, placer les mottes bien entieres au pied d'un mur à l'expofition du Midi ; & s'il y a encore quelques gelées à craindre, jeter devant quelques paillaffons ou autre abri.

Au lieu de femer dans des pots, on pourroit femer fur une couche chargée de fix ou fept pouces de terre & terreau, repiquer le plant à la fin d'Avril, & le plomber à l'eau ; mais cette pratique affoiblit & retarde le plant.

II. Il faut fumer, bien labourer & ameublir le terrein deftiné à être femé en Haricots. (Il feroit même très-avantageux de les préparer par trois

labours , un avant l’hiver, un à la fin de Février
& le troisieme avant que de femer). Si le terrein
eft léger & chaud, on peut femer dès la fin d’A-
vril ; s’il eft froid ou fort, on differe de quinze
jours. Le Haricot fe feme en bordures, en planches ou en grands carrés ; il fe feme grain à grain
à trois ou quatre pouces l’un de l’autre, en rayons,
diftans de fix pouces l’un de l’autre , & recou-
verts d’un pouce ou un pouce & demi. Il fe feme
beaucoup mieux par touffes, de quatre ou cinq
Haricots, difpofées en échiquier à deux pieds ou
dix-huit pouces de diftance l’une de l’autre en
tout fens. Pour cela on fait mieux avec la houe
qu’avec tout autre outil, de petites foffes de trois
ou quatre pouces de profondeur, fur fept ou huit
pouces de largeur; on répand dans le fond quatre
ou cinq feves, & on les recouvre d’un pouce ou
d’un pouce & demi de terre. Si après que les Haricots font femés il furvient de grandes pluies qui
battent, durciffent la terre , & rendent fa furface
comme une croûte, il faut la rompre & l’ameublir par un binage léger pour faciliter la fortie de
la femence , qui, ne pouvant percer cette croûte,
périroit deffous. Environ un mois après , lorfque
le plant commence à fe fortifier , on le réchauffe
après une pluie, en rejettant dans les foffes une
partie de la terre qui en avoit été tirée. En même

tems on le farcle , & on fiche les rames aux variétés qui en ont befoin. On peut femer des Haricots en pleine terre depuis la fin d'Avril jufqu'en
Juillet. Dans cette derniere faifon on feme des
Haricots Suiffes , parce qu'ils font moins délicats
que la plupart des autres , & qu'ils font hâtifs,
c'eft-à-dire , prompts à produire des gouffes.

Les Haricots étant d'ufage en jeunes gouffes
vertes, en grain tendre, & en grain fec , il eft
bon de réferver pour le dernier ufage un canton
de plant fur lequel on ne cueille point pour les
deux premiers. Si ce font des Haricots Nains , on
laiffe fécher la plante jufqu'à ce qu'elle foit toute
dépouillée de fes feuilles, on les arrache, on les
étend au foleil pendant quelques jours ; enfuite
on les lie par bottes , & on les ferre en lieu fec.
Si ce font des Haricots ramés , il faut recueillir
les gouffes à mefure qu'elles deviennent féches ;
parce que celles du bas fe féchant long-tems avant
les autres, s'ouvrent , le grain tombe & eft per-
du; ou bien s'il furvient des pluies, elles pénetrent la gouffe féche, rouillent & gâtent le grain.
Sur ces Haricots je prefere de laiffer fécher toutes les gouffes qui naiffent au pied, afin de n'avoir
qu'une récolte à faire ; & de confommer les autres en vert ou en grain tendre. Les Haricots fecs
laiffés dans leurs gouffes, s'y confervent bons à

femer pendant quatre ans , au lieu qu'étant écof-
fés ou battus aussi-tôt qu'ils font recueillis, ils fe
confervent à peine deux ans.

Lorfque l'on donne aux Haricots des rames longues de fept ou huit pieds, la récolte eft abondante & dure long-tems ; mais fi l'on ne peut les
ramer qu'avec des échalas ou des rames de trois ou
quatre pieds, il eft moins difpendieux & prefqu'auffi avantageux de ne les point ramer, & de
couper les filets dès leur naiffance; les premieres
fleurs ne coulent point, les gouffes font plus belles, & les feves mieux nourries. Laiffer filer les
Haricots à rames, & ne les point ramer, c'eft
une mauvaife pratique. Les filets fe roulant les uns
fur les autres font embarras & confufion, étio-
lent & affoibliffent le plant & fes productions.
Pour éviter le même inconvénient, il faut pincer
tous les filets à l'extrémité des rames, lorfqu'elles
font courtes.

XXXV HYSSOPE.

L'HYSSOPE, *Hyffopus officinalis*, LINN., eft
une plante vivace, qui du colet de fa racine éleve
à quinze ou dix-huit pouces un grand nombre de
tiges ligneufes, carrées, fort garnies dans toute
leur étendue de feuilles oppofées, fimples, longues, étroites ; & terminées par un épi de fleurs

toutes rangées sur un seul côté, portées par de petits pédicules qui sont accompagnés à leur base de deux fort petites feuilles florales ou gaines. Les fleurs sont composées d'un calice tubulé, divisé par le bord en cinq dents égales; d'un pétale en tube labié, dont la levre supérieure est courte, droite, fendue en deux, & l'inférieure est découpée en trois pieces inégales, celle du milieu creusées en cuilleron & terminées par deux dents; de quatre etamines, deux longues & deux fort courtes; d'un style placé entre les embryons de quatre semences brunes, ovoïdes. La couleur du pétale des fleurs est bleue, ou blanche, ou rose; seul caractere qui distingue les trois variétés d'Hyssope.

Cette plante se seme, ou se multiplie de vieux pieds éclatés, qui se plantent ordinairement en bordure au printems ou en automne.

X X X V I. L A I T U E.

Nous ne traiterons que des deux especes de Laitues qui se cultivent dans les Potagers, la Laitue Pommée, & la Laitue Romaine.

I. La Laitue Pommée est une plante annuelle, du tronc ou colet de laquelle il se développe dans un ordre alterne quelques feuilles simples, entieres, arrondies par l'extrémité, portées par un

pédicule fort court qui embraffe prefque entiérement la tige, & naiffant fort près les unes des autres. Les feuilles qui fe développent après ces premieres font encore plus arrondies, concaves, frifées, & au lieu de s'épanouir, elles fe rapprochent
en recouvrement, & en enveloppent un grand
nombre d'autres qui, prenant la même forme &
le même contour, s'appliquent & fe ferrent les
unes fous les autres, & font une tête ou pomme
plus ou moins groffe, & plus ou moins ferme
(fuivant la variété), qui dans cet état devient
tendre, douce & agréable à manger. Si lon differe trop long-tems de la couper, la plante conti-
nuant à végéter, & les feuilles à fe multiplier au
centre de la pomme, la tige fe fait un paffage par
le fommet de cette tête, dont les feuilles, auffi-tôt
que l'air y pénetre, deviennent dures & ameres :
elle s'alonge & parvient à deux ou trois pieds de
hauteur, ferme, cylindrique, pleine, affez groffe,
garnie de feuilles alternes beaucoup moindres que
celles de la pomme, de l'aiffelle defquelles il fort
des branches qui fe divifent en moindres rameaux.
Ces branches & ces rameaux font terminés par des
fleurs difpofées en corimbe, compofées de demi-
fleurons jaunes, hermaphrodites, à cinq dente-
lures, autant d'étamines; un ftyle, dont les deux-
ftigmates fe roulent en dehors. Chaque demi-

fleuron eſt porté ſur un embryron qui devient une petite graine applatie, preſqu'ovale, pointue par les deux bouts, ſurmontée d'une aigrette ſimple, dont le pédicule ne ſe développe & ne s'alonge que lorſque la graine approche de la maturité. Tous ces demi-fleurons ſont renfermés dans un calice oblong, imbriqué, dont les feuilles ou écailles ſont droites & pointues.

1. IMPÉRIALE, groſſe Allemande, *Lactuca am-plissimo folio glabro pallidè viridi, capite flavo maximo, femine albo.* Les feuilles baſſes de cette Laitue ſont très-grandes, liſſes, d'un vert pâle & terne ; ſouvent de leurs aiſſelles il ſort des drageons qu'il faut retrancher. Sa pomme eſt fort groſſe, très-garnie de feuilles, & par conſéquent très-ferme & ferrée, tendre, jaune, fort douce au printems, qui eſt la vraie ſaiſon de cette Laitue; un peu amere & moins groſſe en été, & ſujette à fondre pendant les chaleurs dans les terres fort légeres, ſi elle eſt trop ſouvent mouillée. On ne doit plus en replanter après le mois de Juillet parce qu'elle n'auroit pas le tems de faire ſa tête, qu'elle forme très-lentement, mais auſſi qu'elle conſerve long-tems, ſans monter ni moucheter. Il faut même en élever de bonne heure ſur couche, ſi l'on veut recueillir de la graine, qui eſt blanche. Le plant ſe repique à quinze pouces de diſtance en tout ſens.

2. COCASSE, *Lactuca multifolia è viridi subru-fescente tumidè crispata, capite majore, femine albo.* La Cocasse réussit médiocrement dans les terres fortes : pendant l'été elle aime un terrein léger & de fréquens arrosemens, au contraire de la précédente. Elle est un peu amere & médiocrement tendre, mais sa pomme est grosse, jaune, si ferme, & se soutenant si long-tems qu'il faut en avancer du plant sur couche, la planter en bonne exposition, & fendre la tête, pour que la tige puisse s'élever & donner de la graine, qui est blanche. On peut en semer en Août, la repiquer en Novembre en bonne exposition abritée ; elle soutient bien nos hivers ordinaires, & donne plus sûrement de la graine. Ses feuilles basses sont grandes, fort cloquées, d'un vert foncé, un peu lavé de roux.

La Versailles paroît être une variété de la Cocasse, qui en differe très-peu. Elle est de même grandeur & à-peu-près de mêmes qualités. La tête est un peu plus applatie, moins amere, moins garnie de feuilles, se soutenant aussi long-tems dans les chaleurs, montant aussi difficilement en graine, qui est blanche. Ses feuilles sont d'un vert plus clair, sans mélange de roux. Elle veut le même terrein & la même culture ; elle supporte mieux les fortes gelées.

3. BATAVIA, Laitue de Silésie, *Lactuca amplif-*

*fimo folio crifpo lætè viridi per lymbos rubefcente ,
capite maximo , femine albo.* Cette Laitue à laquelle
on n'a pas encore trouvé le terrein propre , veut
être fouvent & abondamment mouillée le foir ou
le matin , & non dans les heures de la grande chaleur. Elle pomme rarement après le mois d'Août ,
parce que les faifons froides ou même fraîches lui
font contraires. Quoique fa pomme, qui fe forme
en deux mois & demi , ne foit pas très-pleine , ni
très-blanche , & qu'elle foit un peu amere dans
les terres fortes , elle eft fi tendre , fi caffante , fi
délicate , qu'elle peut paffer pour une des meilleures Laitues. Elle eft une des trois plus groffes.
Ses feuilles un peu alongées , font très-frifées ,
très-grandes , d'un vert très-clair , prefque blond ,
un peu teintes de rouge fur les bords , qui font
très-dentelés ou légérement découpés. Sa graine
eft blanche. Il faut quinze ou feize pouces de diftance entre chaque pied. Elle a une variété , qu'on
nomme *Laitue-chou*, ou mieux *Batavia brune* , qui
n'en differe que par fa couleur de vert foncé. Elle
eft excellente , peu difficile fur le terrein , pomme
mieux & plus ferme. Elle mérite la préférence fur
la *Batavia* & fur la plupart des Laitues.

4. POMME de Berlin , *Lactuca ampliffimo folio
dilutè viridi per lymbos fubrubefcente , capite maximo , femine nigro.* De toutes les Laitues connues

dans ce climat, celle-ci est une des plus grosses. Ses qualités sont égales ou même supérieures à celles de la Batavia. Sa tête, qui se forme assez promptement, mais qui est de peu de durée, & un peu creuse, blanchit mieux, est douce, tendre & cassante. Ses feuilles sont d'un vert tendre, légérement teintes de rouge sur les bords. Sa graine est noire. C'est une Laitue de printems & d'automne; en été elle monte souvent avant que sa pomme soit formée. Il faut espacer le plant à vingt pouces.

5. Grosse rouge, *Lactuca rotundifolia nigrè viridis atro-rubente colore obsoleta, majore capite aureo, semine nigro.* Une terre grasse & substancieuse est nécessaire à cette Laitue pour qu'elle réussisse également bien en toute saison. Dans les autres terreins elle est un peu dure, d'un moindre volume, & souvent nuile dans l'éte. Ses feuilles basses sont très-arrondies, très-peu frisées, d'un vert noir rembruni de gros rouge. Sa pomme est grosse, d'un jaune orangé, douce & fort tendre, & se conserve très-long-tems sans monter en graine, qui est noire. C'est une des meilleures Laitues.

6. Jeune rouge, petite rouge, *Lactuca rotundifolia dilutè viridis è rubro varia, flavo capite parvo, semine nigro.* La Petite rouge, de qualités semblables à la précédente, veut un terrein doux, ne réussit que dans le printems & l'automne. Sa tête

est à peine de moyenne grosseur, jaune, tendre &
douce. Ses feuilles basses, fort arrondies, sont
d'un vert tendre, marquetées de rouge, & très-
peu crêpues. Sa graine est noire; pour en receuil-
lir il faut avancer sur couche le plant du printems, parce que sa pomme est lente à se former,
& se soutient long-tems sans monter.

7. LAITUE-COQUILLE, *Lactuca rotundifolia è viri-
ridi sufflava, capite parvo, femine albo.* L'amertume
& la dureté de cette Laitue l'excluroient de la plupart des Jardins, si elle n'avoit l'avantage de mieux
supporter les hivers que la plupart des autres. Sa
feuille, d'un vert un peu jaune, est bien arrondie,
très-peu frisée, grande, unie par les bords: sa pomme
est petite, & sa graine blanche. Elle a une variété à
graine noire, qui n'en differe que par ce caractere.

8. PASSION, *Lactuca folio crispo viridi, capite
parvo, femine albo.* La Laitue de la Passion n'est
pas meilleure que la précédente. Sa pomme est un
peu moindre; sa feuille verte, & sa graine blanche: mais elle résiste encore mieux aux hivers.

9. GROSSE blonde, *Lactuca flava capite majore,
femine albo.* On ne cultive cette Laitue que le printems & l'automne. Elle est douce & tendre; sa
feuille est grande & blonde, unie par les bords,
très-cloquée; sa tête, grosse & très-blonde, se
forme bien & promptement (en deux mois; mais

elle monte presqu'auffi promptement. C'est pourquoi on eft privé de cette excellente Laitue pendant l'été. Sa graine eft blanche.

10. GEORGE blonde, *Lactuca è viridi flava, pau-
lulùm crifpa , capite majore , femine albo.* Le printems eft prefque la feule faifon de cette Laitue,
qui eft douce, tendre, caffante. Elle veut une terre
meuble & légere. Ses feuilles font grandes, d'un
vert blond, un peu frifées. Au pied des murs ou
dans une expofition abritée, fa pomme, groffe,
bien faite, un peu applatie, fe forme en deux
mois ; mais elle monte auffi-tôt. Elle ne pomme
point fous cloches. Sa graine eft blanche.

La Groffe George en eft une belle variété, dont
la feuille eft prefque liffe & unie, & la pomme,
un peu fupérieure en groffeur, fe forme un peu
moins promptement, & a le même défaut de
monter auffi-tôt. Mais à fes bonnes qualités elle
ajoute celle de bien réuffir fous cloche, pourvu
qu'on lui donne fouvent de l'air & de l'eau. Elle eft
prefqu'auffi blonde. Sa graine eft blanche.

11. BAPAUME, *Lactuca flava, capite magno,
femine nigro.* C'eft une Laitue de médiocre qualité, fort blonde, dont la tête eft groffe, un peu
vide au fommet, & fe foutient affez long-tems;
mais elle eft de toute faifon, & s'accommode de
tous les terreins. Sa graine eft noire.

12. GENES, *Lactuca è viridi flavo, parvo capite albo leviter turbinato, femine albo.* Cette Laitue, comme la plupart des blondes, ne réuffit que dans le printems & l'automne. Sa feuille affez liffe, eft d'un verd blond. Sa tête eft blanche, de groffeur médiocre, un peu pointue. Sa graine eft noire. C'eft une Laitue fort douce. Elle a deux variétés de mêmes qualités & de mêmes faifons. 1°. La Gênes verte, dont la feuille eft frifée & verte; la tête jaune, un peu plus groffe; la graine blanche. 2°. La Gênes rouffe, dont la feuille eft d'un vert lavé de roux marqueté de brun, la tête jaune, la graine noire.

13. ITALIE, *Lactuca tenui folio dilutè viridi per lymbos rubro, parvo capite flavo, femine nigro.* La feuille de cette Laitue eft fine, de grandeur moyenne, d'un vert tendre, teinte de rouge fur les bords qui font unis, & fur le dehors. Sa pomme eft jaune, de groffeur médiocre; fe forme en deux mois. Sa graine eft noire. Elle eft douce & tendre, réuffit en toutes faifons, moins bien cependant dans l'été; fubfifte long-tems fans monter en graine, exige peu d'eau, & préfere un terrein de médiocre qualité, pourvu qu'il foit léger. Il y a peu de meilleures Laitues.

14. HOLLANDE, Laitue brune, *Lactuca fufco-viridis, magno capite flavo, femine nigro.* Si cette

Laitue étoit plus tendre , elle seroit parfaite. Sa tête jaune, grosse, ferme & bien pleine , se forme très-bien, & se conserve long-tems sans fondre ni monter, dans l'été même & les sécheresses. Sa feuille est lisse & unie, d'un vert brun. Sa graine est noire. Cette Laitue differe si peu de la Palatine , qu'il est difficile de les distinguer.

15. PARESSEUSE , *Lactuca multifolia crispa saturè viridis capite magno , semen album maturare pigra.* Elle tire son nom de sa lenteur à monter en graine. Je ne sais en effet s'il y en a quelqu'autre qui se conserve plus long-tems pommée dans les chaleurs & les sécheresses ; mais elle est amere & un peu dure. Ses feuilles sont unies par les bords , fort nombreuses , crispées , serrées les unes sur les autres, d'un vert foncé. Sa tête est grosse , ferme bien pleine. Sa graine est blanche.

16. ROYALE , *Lactuca pulchrè & splendidè viridis, capite magno , semine albo.* En mouillant largement la Royale pendant l'été, c'est une des meilleures de cette saison , mais un peu sujette à fondre & à nuiler. Sa pomme est grosse , tendre & douce, se forme bien (en deux mois) & se soutient long-tems. La feuille est un peu frisée & cloquée, d'un beau vert brillant ; elle ressemble beaucoup à l'Italie, un peu plus blonde, plus

cloquée, plus prompte à pommer, moins teinte de rouge. La graine est blanche.

17. PERPIGNANE, Laitue à grosses côtes, *Lactuca plano folio viridi, crasso pediculo, flavo capite majore, semine albo.* La Perpignane est une des Laitues qui soutient le mieux les chaleurs dans les terreins secs, & même elle y monte difficilement; mais elle nuile & pourrit dans les terres humides. Ses feuilles basses sont vertes, unies, leur côte ou arrête est fort grosse. Sa tête est grosse, jaune, tendre & fort douce. Sa graine est blanche.

Elle a une variété qui n'en differe que par la couleur de ses feuilles qui est verte mouchetée de jaune, & par les côtes un peu moins grosses.

18. PETITE CRÊPE, Petite Noire, *Lactuca Crispa è viridi sufflava, capite minimo, semine nigro.* L'avantage de mieux se soutenir qu'aucune autre sur couche pendant tout l'hiver fait admettre & cultiver la *petite Crêpe*, qui, dans cette saison, est presque insipide, & ne fait qu'une fort petite tête. Dans une terre douce & très-meuble, à une bonne exposition abritée par des murs ou autrement, elle vient un peu plus grosse & meilleure au printems. Elle ne supporte pas les autres saisons. Sa feuille est fort crispée ou frisée, d'un vert tirant sur le jaune, très-arrondie, un peu dentelée; monte en graine en deux mois. Sa graine est noire.

19. LA GROSSE CRÊPE , *Lactuca crifpa è viridi fufflava , capite parvo , femine albo* , eft une variété améliorée , ou une Laitue de mêmes forme , couleur (quelquefois les bords très-légérement lavés de rouge) & qualités , mais de groffeur prefque double. Le printems eft fa feule faifon. On l'éleve & on l'avance fur couche. Elle veut le même terrein & la même expofition. On peut auffi la repiquer à demeure fur couche ; elle y pomme fort bien , pourvu qu'elle foit en plein air ; car elle ne pomme point fous cloche. Sa graine eft blanche.

20. *La Crêpe ronde* ou *Crêpe blanche* , *petite Courte* , *Dégrebé* , *Printaniere* , ne me paroît pas une variété des deux précédentes. Sa feuille eft blonde , peu crifpée & prefque liffe. Sa tête eft plus jaune , plus groffe , plus ferme , fe forme plus promptement fous cloche fans aucun air , fond moins , & en tout eft préférable pour l'hiver , & le commencement du printems ; car dès que la faifon s'échauffe , elle monte en graine , qui eft blanche.

A cette lifte déjà trop nombreufe , je pourrois ajouter beaucoup d'autres variétés de Laitue , telles que , 21. *l'Aubervilliers* , dont la pomme , très-petite , jaune & fort tendre , fe conferve long-tems fans monter. Ses feuilles baffes font liffes ,

d'un

d'un gros vert. Elle réuffit bien pendant le printems & l'été. Sa graine eft blanche.

22. *La Gotte*, remarquable par fa graine blanche fort courte ; c'eft la meilleure, ou une des
meilleures à femer fous chaffis, depuis Octobre
jufqu'en Février. Il en faut femer peu en pleine
terre, même au printems, parce que les moindres chaleurs la font monter.

23. *La Dauphine*, l'une des meilleures Laitues de printems, dont la pomme eft un peu
plate, fort groffe, pleine, tendre, douce, fe
forme promptement. Avec des arrofemens abondans & fréquens, elle réuffit en toute forte de
terres. Sa graine eft noire. Elle eft remarquable
par un grand nombre de drageons qui fortent de
l'aiffelle de fes feuilles baffes, & qu'il faut
retrancher ; caractere qui lui eft commun avec
l'Impériale.

24. *La Sanguine* ou *Flagellée*, autre Laitue de
printems, de moyenne groffeur & de médiocre
qualité, mais agréable aux yeux par les veines
rouges dont elle eft fouettée. Ses feuilles, unies
par les bords, font d'un gros vert, tiquetées,
maculées, quelquefois entiérement teintes de rouge
brun. Le cœur eft blond, veiné de beau rouge.
Pomme en deux mois. Sa graine eft noire. Elle
a une variété à graine blanche, dont toutes les

couleurs font plus claires. Une terre douce convient à cette Laitue.

25. *La Berg-op-zoom*, petite Laitue à feuilles rondes, unies par les bords, d'un vert brun, fortement lavées de rouge brun fur tous les endroits frapés du foleil. Elle forme en deux mois & demi fa pomme ferme & bien arrondie, & monte difficilement ; paffe l'hiver ; eft de toutes faifons.

26. *La Palatine, la Rouffe*, femblable à la *Berg-op-zoom*, pomme en même tems, eft un peu moins teinte de rouge, & environ un tiers plus groffe.

27. *La Sans-Pareille*, de moyenne groffeur: Sa feuille d'un vert très-clair tirant fur le blond, eft finement dentelée,& très-légérement lavée de rouge fur les bords ; lente à pommer (trois mois.)

28. *La Moufferonne*, petite Laitue, fort tendre. La feuille très-crifpée , frifée, dentelée, d'un vert clair,fortement teinte de rouge par les bords. Pomme en deux mois.

Il faudroit prefque chaque année donner un Supplément ; parce que dans les Potagers où il fe trouve communément plufieurs variétés de Laitues fleuries en même tems, la pouffiere des étamines fe mêlant, il réfulte des variétés fans nombre, qui, le plus fouvent,ne font que des dégénérafcences. Je ne donne point place à la *Laitue*

Chicorée, à la *Laitue-Épinard*, qui ne font que curieufes. Cependant elles peuvent fe femer comme Laitues à couper, fur-tout la derniere, qui repouffe, & par conféquent fe coupe plufieurs fois.

II. Trois caracteres principaux diftinguent la Laitue Romaine ou le Chicon, de la Laitue Pommée. 1°. Sa feuille eft allongée, étroite à fa naiffance, large & ordinairement arrondie à fon extrémité, prefque liffe, n'étant ni frifée, ni foncée, ni cloquée, ou l'étant très-peu. 2°. Aucune de fes feuilles ne s'étend horizontalement; mais toutes fe foutiennent droites, fe rapprochent les unes des autres fans cependant fe ferrer ni former de tête compacte; de forte que la plupart des variétés ont befoin d'être liées comme la Scariole, pour que les feuilles blanchiffent & s'attendriffent. 3°. Elle eft parfaitement douce, au lieu que les Laitues pommées les plus douces ont prefque toujours une légere amertume. Ses principales variétés font:

1. CHICON rouge, Romaine rouge, *Lactuca Romana rubra*, *femine nigro*. Les feuilles extérieures de cette Laitue font teintes de rouge. Les intérieures font d'un beau jaune, & fort tendres. Il faut en élever fucceffivement, & peu à la fois, parce qu'auffi-tôt que le cœur eft blanc, il pourrit ou monte en graine. On ne connoît pas bien quel terrein lui convient le mieux. Si la féchereffe oblige

de la mouiller après qu'elle eſt liée, il faut verſer l'eau au pied, ſans en répandre ſur les feuilles ni ſur-tout dans le cœur. Elle réuſſit mieux dans l'arriere-ſaiſon. Étant ſemée aux diſtances convenables en Juillet ou Août, au pied des murs, ou à d'autres abris à l'expoſition du Levant ou du Midi, elle s'y éleve, y blanchit ſans être liée, & fournit juſqu'aux fortes gelées. Sa graine eſt noire.

2. CHICON panaché, Romaine flagellée, *Lactuca Romana è rubro maculata, ſemine nigro.* Le printems eſt la ſeule ſaiſon de ce Chicon tendre, excellent & agréable à la vue ; il ne ſupporte ni les chaleurs de l'été, ni l'humidité de l'automne. Ses feuilles extérieures ſont fort maculées de rouge ; les intérieures ſont un peu moins panachées d'un beau rouge, ſur un fond jaune. Sa graine eſt noire. Il a une variété, dont le cœur eſt encore plus fouetté de rouge, & qui ſe ferme & blanchit ſans le ſecours des liens, ou avec un ſeul lien. Sa graine eſt blanche.

3. CHICON vert, *Lactuca Romana viridis, ſemine nigro.* La Romaine verte a la feuille plus longue que la plupart des autres Chicons, bien arrondie & concave à ſon extrémité, un peu froncée, d'un gros vert, ſoutenue par une côte blanche. Sa graine eſt noire. Si elle eſt la moins tendre, elle

eſt la plus groſſe, la moins difficile ſur le terrein ; elle réuſſit dans toutes les ſaiſons ; un lien lui ſuffit ; ſouvent elle ſe ferme ſans ce ſecours. Semée en Août, plantée en Octobre au pied d'un mur bien expoſé, elle ſoutient bien l'hiver : auſſi eſt-elle la plus cultivée. Lorſqu'elle eſt à ſon point, ſi ſon ſommet n'eſt pas applati, obtus, ou camus, (c'eſt le terme des Jardiniers,) elle eſt dégénérée ; & il ne faut marquer pour graine aucun pied qui ſe termine en pointe.

4. CHICON gris, Romaine griſe, *Lactuca Romana ſaturè viridis, ſemine albo.* Cette Romaine, peu difficile ſur le terrein, ſupporte bien l'hiver, & eſt plus hâtive au printems, & plus douce que la verte, dont elle ne diffère que par le vert de ſes feuilles qui eſt encore plus foncé, & par ſa graine qui eſt blanche. Elle ne réuſſit, ni dans l'été, ni dans l'automne.

5. CHICON blond, Romaine blonde, *Lactuca Romana ſufflava, ſemine albo.* La feuille de ce Chicon eſt d'un vert tirant ſur le jaune, mince, unie, un peu pointue, ſoutenue par une côte blanche. Sa graine eſt blanche. En terre forte il veut être médiocrement arroſé. Son volume eſt égal à celui du précédent ; s'il lui eſt bien ſupérieur en qualité, il eſt plus ſujet à fondre ou à monter. Il eſt plein & bien garni, & ſon ſommet eſt obtus.

O iij

6. CHICON hâtif, Romaine hâtive, *Lactuca Romana fufflava præcox, femine albo*. La forme, la couleur, & la groffeur de ce Chicon font tellement les mêmes que celles du précédent, qu’il eft affez difficile de l’en diftinguer lorfque tous deux font élevés en pleine terre. Cependant le vert de fes feuilles eft moins lavé de jaune. Sa graine eft blanche. Ce qui le diftingue de tous les autres Chicons, c’eft qu’il s’éleve & fe ferme bien fous cloches. Semé fur couches en Octobre, il parvient à fon point en Avril ; mais il eft bien moins gros qu’en pleine terre.

Culture. I. La pratique ordinaire des Jardiniers, qui n’ont ni cloches ni couches, eft de ne faire les premieres femences de Laitues que dans le mois de Mars. Ou ils les font fur un petit coin de terre bien préparée & bien expofée ; ou ils répandent quelques graines fur les planches d’Oignon, Carottes, & autres légumes qui fe fement à la fin de Février & en Mars, ufage très-mauvais, quelqu’attention qu’on ait de lever le plant fort jeune pour le repiquer ailleurs. Par cette méthode on ne jouit que tard.

Dans tous les Jardins on peut femer tous les quinze jours des Laitues en pleine terre, depuis le commencement de Mars jufqu’en Juillet, pour en avoir fans interruption jufqu’aux froids. Ces dernieres femées peuvent réuffir & étendre la jouiffance de ce légume jufqu'aux approches de l'hiver.

Plus la terre eft douce, ameublie par le labour, & amendée par les fumiers, mieux la Laitue réuffit. On dreffe des planches de quatre ou cinq pieds de largeur, pour y repiquer quatre ou cinq rangs de Laitues, éloignées l'une de l'autre de fept à huit pouces, ou davantage fuivant l'efpece. Tout Jardinier fait repiquer au plantoir ; mais il obfervera de ne pas plomber trop fortement la terre contre la racine de la Laitue, & que le cœur de la plante ne foit pas enterré, mais feulement de niveau à la furface du terrein. Auffi-tôt que le plant eft repiqué, il faut le mouiller, & continuer les arrofemens fuivant la faifon, la difpofition du tems & l'efpece de laitue, ayant attention de ne mouiller dans les chaleurs que le matin ou le foir, foit les femis, foit le plant repiqué : & pendant Mars & Avril le matin ou dans le milieu du jour, & jamais le foir ; parce que le plant périroit, fi une petite gelée le furprenoit mouillé. J'obferverai encore que le plant laiffé en diftance convenable dans les places où il a levé, fe forme beaucoup mieux que celui qui eft tranfplanté, devient bien plus fort & plus propre à donner de bonne graine.

Le furplus de la culture de la Laitue confifte à la

ferfouir au befoin, à arracher les mauvaifes herbes
& les pieds qui montent en graine.

II. Pour avoir de bonne heure des Laitues au
printems (du premier au quinze Mai,) il faut dès
le mois d'Août (le quinze) femer en bonne expofition les variétés qui paffent l'hiver, telles que
les Crêpes, l'Italie, la Cocaffe, la Coquille, la
Paffion, la Romaine hâtive. A la fin d'Octobre,
ou au commencement de Novembre repiquer le
plant fur les plates-bandes des efpaliers au Midi &
au Levant ; dans les fortes gelées, le couvrir de
litiere, paillaffons, coffas de pois ou autres matieres propres à le défendre, & qu'on retire dès
que le tems s'adoucit. On laiffe en pépiniere le
plant le plus foible ; & s'il réfifte à l'hiver, il
fournira une autre plantation en Mars.

III. En Septembre ou Octobre on peut femer ces
mêmes variétés fous cloches fur des ados de terreau
ou de terre meuble, mêlée avec du crotin ; trois
femaines après repiquer le jeune plant plus à l'aife
fur d'autres ados pour y paffer l'hiver en pépiniere ;
couvrir les cloches de litiere dans les fortes gelées,
& les découvrir dans le milieu du jour, & même
leur donner un peu d'air, à moins que le tems ne
foit exceffivement rude. Au commencement de Février leur donner chaque jour plus d'air, les ôter
entierement pendant le jour, & même pendant la

nuit, si les gelées ne sont pas trop fortes, afin d'endurcir le plant. Lorsqu'il aura passé huit ou dix jours sans cloches, & qu'il sera accoutumé au plein air, on le repiquera en place, en bonne exposition, entre le quinze Février & le premier Mars, si la température de la saison le permet.

IV. Depuis la fin de Septembre jusqu'aux nouvelles Laitues pommées, on seme tous les quinze jours de la graine de Laitue Crêpes, de Versailles, de George blonde, &c. pour avoir pendant toute la saison rigoureuse de la petite Laitue, ou Laitue à couper ou Capucine. Sur des couches de chaleur tempérée & couvertes de quatre ou cinq pouces de terreau on seme la graine assez claire en petits rayons ou à la volée; on la couvre très-peu de terreau, ou on la presse fortement avec la main sur le terreau sans l'enterrer; on couvre de cloches. Environ quinze jours après, lorsque le plant a deux bonnes feuilles outre ses cotyledons, on le coupe.

V. Pour avoir des Laitues pommées pendant l'hiver, il faut à la fin d'Août semer sur un ados de terreau bien exposé de la graine de petite Crêpe, de Crêpe ronde, ou autre variété qui résiste au froid & pomme sous cloche. Lorsque le le plant est assez fort, le repiquer en place sur des couches qui n'ont pas besoin d'être fort hautes; il y pomme sous cloches en Décembre.

A la fin d'octobre ou au commencement de Novembre on fait un autre femis fur couche. Lorfque le plant fait fa premiere feuille, on le repique plus à l'aife ; & lorfqu'il eft affez fort on le repique en place fur une couche neuve pour y pommer en Janvier, fous cloches ou chaffis. Ce fecond femis & les fuivants ne font ordinairement que des Laitues Crêpes.

En Décembre, Janvier & Février on fait de nouveaux femis des mêmes Laitues ; mais la rigueur de cette faifon exige plus de foins. Il faut femer la graine fort claire fur une couche de chaleur tempérée, chargée de quatre pouces feulement de terreau. Dès que le plant commence fa premiere feuille, le repiquer à un pouce de diftance l'un de l'autre fur une nouvelle couche, ou fur la même, fi elle conferve encore affez de chaleur. Lorfque fa quatrieme ou cinquieme feuille eft formée, le tranfplanter fur une couche neuve chargée de fix bons pouces de terreau, ou mieux de terre meuble & terreau mêlés. Si c'eft fous chaffis, on pique les pieds à cinq ou fix pouces de diftance en tout fens : fi c'eft fous cloches, on peut en mettre fous chacune jufqu'à quinze pieds, & lorfqu'ils fe ferreront, on n'en laiffera que quatre ou cinq, & le furplus fe repiquera fous d'autres cloches. (Il eft reconnu que les cloches neuves font périr le plant.) Depuis que

les graines font femées jufqu'à ce que les Laitues
foient pommées, on ne peut être trop attentif à
couvrir les cloches de grande litiere ; les borner
pendant les nuits; augmenter les couvertures dans
les grands froids; ajouter des paillaffons par-deffus
pendant les neiges & les grandes pluies ; donner de
l'air aux cloches ou chaffis le plus fouvent qu'il eft
poffible & toujours du côté oppofé au vent ; foutenir dans les couches, que l'on fait fort étroites
dans cette faifon, une chaleur modérée, & non un
grand feu qui feroit fondre le plant ; lorfque les Laitues commencent à tourner, c'eft-à-dire, pommer,
retrancher les feuilles baffes, qui font jaunes, &
plomber, approcher, preffer le terreau contre le pié.

VI. Dans les plants de Laitue, faits l'hiver &
le printems, il faut choifir les pieds les plus gros,
les mieux pommés, pour graine ; ficher au pied de
chacun un échalas pour le marquer, & dans la
fuite pour foutenir la tige contre les vents ; déga-
ger le pied (fur-tout des groffes variétés) des feuilles
jaunes, fanées, pourries, ou même trop nombreufes. Lorfque les aigrettes des graines commencent à paroître à l'extrémité des rameaux, il faut
couper ou arracher les tiges, les expofer pendant
quelques jours au foleil, fur des draps ou dans un
van, enfuite les fecouer ou les battre légérement,
& ramaffer la graine qui s'eft détachée ; remettre

les tiges au foleil pendant quelques jours, & les
battre ; la graine qui s'en détache eft bien inférieure à la premiere & ne doit être employée que
pour faire de la Laitue à couper. La graine de Laitue peut fe conferver quatre ans ; mais elle n'eft
très-bonne que la feconde année ; femée la premiere année, le plant monte facilement ; la troifieme année une partie ne leve point, & la quatrieme il ne leve que les grains parfaitementaoûtés,
pourvu encore qu'elle ait été tenue bien renfermée.

Il y a des variétés de Laitue qui donnent de la
graine en petite quantité, ou difficilement, il
faut en laiffer monter un plus grand nombre de
pieds. Ce font fur-tout les Crêpes, l'Aubervilliers,
la Bapaume, la Brune, les Genes verte & rouffe,
la Jeune rouge, la Cocaffe, le Chicond blond &
le panaché.

XXXVII. LAVANDE.

1. LAVANDE femelle, *Lavandula anguftifolia*,
flore violaceo. Cette plante vivace, ou ce fous-
arbriffeau forme une touffe de tiges ligneufes,
grêles, quadrangulaires, qui s'élevent droites à la
hauteur d'un pied & demi ou deux pieds, prefque
nues dans leur majeure partie ; le bas eft fort garni
de feuilles oppofées, longues de quinze à dix-huit

lignes, larges d'une ligne & demie, fermes, assez épaisses, unies par les bords, presque blanches en naissant, ensuite d'un beau vert ; de leurs aisselles il sort de très-petits rameaux qui ne portent que des feuilles beaucoup plus petites. Chaque tige se termine par un épi de six ou sept anneaux, ou plutôt de six ou sept rangs de deux bouquets de trois ou quatre fleurs chacun, disposés dans un ordre opposé, & sortant d'une gaîne ou petite feuille florale. La fleur est composée d'un calice tubulé, strié, ovale un peu labié, à cinq divisions à peine sensibles ; d'un pétale violet, tubulé, labié, dont la levre large, droite, est découpée en deux, & la levre inférieure, beaucoup plus courte, est découpée en trois parties égales, arrondies ; de quatre étamines, dont deux plus longues & deux fort courtes, quelquefois avortées ; d'un style placé entre quatre embryons de petites graines rondes & brunes.

2. LAVANDE mâle, Spic, Aspic, *Lavandula Spica*. Les touffes du Spic s'élevent moins ; ses feuilles sont plus grandes & moins blanches ; ses fleurs moins grandes ; ses graines ovoïdes & presque noires ; son odeur plus forte.

La Lavande qui peut se perpétuer de graines, se multiplie plus ordinairement de vieux pieds éclatés ; & se plante en Mars, Avril & Septembre

en planches ou en bordures, qu'il faut renouveller
tous les deux ou trois ans , parce qu'elles deviennent trop hautes & trop épaisses. Les cinq ou six
autres especes & variétés de Lavande se trouvent
rarement dans les Potagers , & quelques-unes y
subsisteroient difficilement.

XXXVIII LAURIER.

1. LAURIER franc , *Laurus vulgaris*. Ce Laurier ,
qui dans les pays plus tempérés devient un arbre de
moyenne hauteur , dont les branches se rapprochant par leurs sommités , lui donnent une forme
conique , ou qui fait une belle tête bien garnie ,
lorsqu'on élague la tige , n'est ordinairement dans
ce climat qu'un arbrisseau touffu, peu régulier. Ses
rameaux nombreux sont très-garnis de feuilles
alternes , toujours vertes , étroites par les deux
bouts , terminée par une pointe aiguë repliée en
dessous , longues de deux pouces & demi à trois
pouces , larges de douze à quinze lignes , d'une
étoffe séche , mais forte , un peu froncées par les
bords , sans aucune dentelure , lisses , d'un vert
foncé , portées par des queues fort courtes. Des
aisselles des feuilles naissent de petites fleurs, dont
les pédicules s'élargissant & se creusant en forme
de cupule , tiennent lieu de calices. Elles n'ont

qu'un pétale d'un blanc tirant fur le jaune, découpé en quatre parties égales, quelquefois en cinq ; du milieu duquel fortent huit étamines & un ftyle porté par un embryon qui devient une baie oblongue, noire à fa maturité, qui contient une femence de même forme.

Le Laurier Royal, *Laurus Nobilis*, Linn., differe du précédent par la couleur de fes feuilles qui eft vert gai, la difpofition de fes fleurs qui naiffent en grappes, & parce qu'il n'a ni le goût ni l'odeur aromatique du Laurier franc.

2. Laurier-Cérise, *Lauro-Cerafus*. Le Laurier-Cérife eft un grand arbriffeau toujours vert, qui par fon port & fon feuillage a peu de reffemblance avec le Laurier franc. Sa tige affez droite pouffe un grand nombre de branches qui n'ont ni attitude ni difpofitions régulieres. Les feuilles font alternes, liffes, d'un beau vert brillant, prefque blanches en dehors, garnies par les bords de dents très-aiguës, mais peu faillantes, & écartées de deux ou trois lignes l'une de l'autre, de forme prefqu'ovale très-alongée, ayant de cinq à fept pouces de longueur fur une largeur de vingt à vingt-huit lignes, d'une étoffe forte & épaiffe, terminées par une petite pointe recourbée en dehors, portées par une groffe queue fort courte. Ses fleurs font les mêmes que celles du Laurier franc, quant à la

forme & la difpofition des parties, mais plus grandes, plus blanches, & en bouquet pyramidal. Les baies dans leur maturité font d'un rouge fort brun, charnues, oblongues prefque ovales, contenant chacune un noyau ovale, marqué d'un fillon.

Les Lauriers fe multiplient de femences, & plus promptement de drageons enracinés éclatés des vieux pieds : ils fe plantent dans ce climat contre des murs à l'expofition du Nord. L'ufage pernicieux du Laurier-Cérife pourroit le faire exclure des Potagers.

XXXIX LENTILLE.

LA GROSSE LENTILLE, *Lens major*, PIN. eft une petite plante légumineufe, dont la tige longue de huit à dix pouces fe foutient mal. Elle eft anguleufe, rameufe, garnie de vrilles fimples ou à trois branches, & de feuilles alternes, aîlées, compofées de deux à treize petites folioles entieres, ovales, faifant corps avec leur pédicule commun, qui le fait pareillement avec la tige ou les rameaux. Ses fleurs, par bouquets de deux (rarement plus,) font axillaires, papillionnacées, compofées d'un calice en tube à cinq découpures longues, étroites & aiguës ; d'une corolle large,

dont

dont l'étendart arrondi & un peu courbé eft creufé de deux foffettes au-deffus de fon onglet, les aîles obtufes plus courtes que l'étendart, & la nacelle pointue & plus courte que les aîles ; de deux faifceaux d'étamines, & d'un ftyle placé fur un embryon qui devient une petite filique, contenant de deux à quatre femences comprimées. Elle a une variété qu'on nomme *Lentille à la Reine*, dont le grain eft plus petit.

Culture. Cette plante, dont il fe fait de grands femis dans les champs, ne trouve place que dans les vaftes Potagers ; elle ne peut même y réuffir que dans les endroits les plus fecs & les moins fubftancieux, préférant les terreins maigres, fablonneux, graveleux, &c. aux terres de bonne qualité, dans lefquelles elle devient trop forte, & ne produit point de grain. Si le fol d'un Jardin eft humide, fort, fertile, on ne doit pas y cultiver la Lentille ; s'il n'eft que de qualité médiocre, c'eft-à-dire, trop bon encore pour cette plante, au lieu de la femer à la volée, & de la recouvrir au rateau, comme il fe pratique dans les terres qui lui conviennent ; il faut rayonner le terrein, y former des ados de fept à huit pouces de hauteur ; éloignés d'un pied l'un de l'autre, femer fort clair en Mars ou Avril un rayon de Lentilles fur le fommet de chaque ados, qui ne pouvant

retenir l'eau des pluies , & étant deff.ché par
foleil , fournit moins de nourriture à cette plan
Du refte elle ne demande aucuns foins. A fa mat
rité on l'arrache , ou on la fauche ; on la laiffe f
cher fur le terrein ; on la ferre , & on la bat lo
qu'on juge à propos.

XL. MACHE.

1. MACHE commune , Doucette , Blanchett
Poule-graffe , &c. *Valerianella arvenfis præcox , hu-*
milis , femine compreffo. MOR. UMB. Cette plante
commune dans les champs , fe cultive dans les Po
tagers , où elle devient un peu plus grande , & plu
facile à recueillir étant raffemblée en planches, qu
dans la campagne. Elle pouffe à fleur de terre u
grand nombre de feuilles liffes , d'un vert clair
fimples , unies par les bords , fans pédicule , mal
fortant immédiatement du tronc de la plante ,
renverfant fur terre , étroites à leur naiffance , s'é
largiffant régulierement jufque vers leur extrémité
qui eft arrondie , longues d'environ trois pouce
fur un pouce de largeur , & fouvent plus petite
Du cœur de la plante il fort plufieurs tiges qui
divifent & fous-divifent en un grand nombre d
rameaux cannelés , accompagnés à leur naiffan
de deux feuilles oppofées , d'autant plus petit
que les fous-ramifications font plus éloignées d

cœur de la plante. Ces tiges avec leurs rameaux parviennent à la longueur de douze à quinze pouces, & portent à leur extrémité des fleurs en corymbes ou en ombelles, accompagnées de très-petites feuilles oppofées. Ces fleurs font extrêmement petites, compofées d'un calice à cinq divifions ; d'un feul pétale, tubulé, dont les bords font découpés en cinq dents ou portions égales : il eft blanc & fe lave très-légérement de bleu ; de deux ou trois étamines ; & d'un ftyle terminé par deux ou trois ftigmates, & porté par un embryon qui fe change en une capfule à deux ou trois loges, dont chacune renferme une petite graine jaunâtre, applatie.

2. GROSSE MACHE, Mâche d'Italie, *Valerianella major, femine longulo, Italica.* La Mâche d'Italie eft un peu plus grande que la commune. Sa feuille eft plus large, & un peu velue. Ses fleurs font lavées de rouge. Sa graine eft longuette. marquée d'un point noir à fon extrémité. Elle eft plus lente à monter en graine au printems. Cependant elle eft moins recherchée, fon duvet la rendant moins agréable à manger.

Culture. La Mâche fe feme de quinze jours en quinze jours depuis la mi-Août jufqu'à la mi-Octobre, dans une terre bien ameublie & bien amendée. La graine étant femée fort dru, on l'enterre un peu avec le rateau, ou mieux on la couvre légérement de terreau, on la mouille très-souvent lorsqu'elle eſt bien levée on la ſarcle.

Des dernieres planches de Mache que l'on conſomme au commencement du printems, on en éclaircit une ou pluſieurs, ſuivant la quantité de graine qu'on ſe propoſe de recueillir; les pieds, laiſſés à diſtance de quatre à dix pouces l'un de l'autre, montent bientôt. Auſſi-tôt que les tiges commencent à jaunir, il faut arracher les pieds le matin à la roſée, les entaſſer en un lieu frais, peu airé & à couvert du ſoleil, & les laiſſer en cet état au moins pendant quinze jours, afin que la graine ſe nourriſſe & acheve de mûrir. Enſuite on les ſecoue à la fource pour faire tomber la graine, qu'il faut faire ſécher au grand air pendant quelques jours, avant que de la vanner & de la ſerrer. Elle ne ſe ſeme que la ſeconde année. Celle de la Mâche commune eſt bonne juſqu'à la ſixieme ou ſeptieme année; celle de la Mâche d'Italie ne ſe conſerve que quatre ou cinq ans.

XLI. MARJOLAINE.

La MARJOLAINE commune, *Majorana vulgaris*, qui eſt en effet la plus commune dans les Jardins, eſt une plante vivace, qui, du colet de ſa racine, pouſſe un grand nombre de tiges

ligneufes , menues, longues de fix à quinze pouces,qui forment une touffe bien fournie.Elles font
garnies de feuilles oppofées , larges à leur bafe ,
terminées en pointe obtufe , longues de fept ou
huit lignes , fur un peu moins de largeur , un peu
creufées en cuilleron. De leurs aiffelles il fort de
petites branches fort grêles; celles du bas de la
tige s'alongent très-peu & ne produifent que
quelques petites feuilles ; celles qui naiffent vers
l'extrémité s'alongent d'un à trois pouces , fe divifent &fous-divifent en plufieurs petits rameaux
oppofés qui fe terminent par des bouquets formés de petis épis à quatre rangs de fleurs , plus
petites encore que celles du Thym , & chacune
fortant de l'aiffelle d'une gaîne ou plutôt d'une
très-petite feuille. Les fleurs font compofées d'un
calice en tube court , labié , à cinq dents ; d'un
pétale tubulé, labié , découpé en quatre parties
arrondies , blanc très-légérement lavé de pourpre , de deux étamines longues , & deux fort
courtes fouvent avortées ; d'un long ftyle fendu
& roulé en fpirale à fon extrémité , dont la bafe
eft pofée entreles embryons de quatre petites graines rouffes , ovoïdes.

On diftingue plufieurs variétés de Marjolaine ,
dont les plus eftimées font la *Marjolaine à coquille,*
qui a la feuille ronde & concave comme la valve

d'une coquille, & la *Marjolaine à petite feuille*
dont les feuilles font prefqu'auſſi petites que celle
du Thym, mais moins étroites. Elles ne foutiennent pas l'hiver en pleine terre.

La Marjolaine ſe multiplie de graines, plus
communément de pieds éclatés.

XLII. MÉLISSE.

LA MÉLISSE des Jardins ou Citronelle, *Meliſſa
hortenſis*, I. R. H., eſt une plante vivace qui
pouſſe pluſieurs tiges hautes de deux à trois pieds,
groſſes d'environ deux lignes, preſque carrées,
garnies de feuilles oppoſées, longues de deux à
deux pouces & demi, larges de vingt à vingt-
quatre lignes à leur baſe, ſe terminant régulierement en pointe, dentelées ſur les bords, d'un
vert aſſez clair, foutenues par des queues menues
mais fermes, longues de douze à quinze lignes.
De leur aiſſelle il fort des branches grêles, fou-
ples, carrées, longues d'un pied & demi à deux
pieds, qui portent dans toute leur étendue des
feuilles oppoſées, à quinze on dix-huit lignes les
unes des autres, pointues à leur extrémité, dentelées ſur les bords, étroites & preſque pointues
à leur baſe, ayant environ le quart de l'étendue
des feuilles de la tige. De l'aiſſelle de chacune il
naît un bouquet d'une dixaine de fleurs qui for-

ment prefque un anneau autour de la branche ; le pédicule de chaque fleur porte à fa naiffance une très-petite feuille. Elle eft compofée d'un calice en godet profond prefqu'en cloche, labié, dont la petite levre eft fendue en deux, & la grande en trois divifions aiguës & très-peu profondes ; d'un pétale tubulé, jaune avant fon développement, blanc ou très-légérement lavé de rouge après fon épanouiffement, en gueule dont la petite levre eft découpée en deux parties arrondies, & la levre inférieure en trois inégales ; de quatre éta-mines, dont deux font ordinairement longues, & deux courtes ; d'un ftyle, qui a fa bafe entre les embryons de quatre petites graines un peu oblongues.

La Méliffe fe multiplie par les femences, mais plus communément & plus promptement par les pieds éclatés, & plantés au mois de Mars en bonne terre, un peu à l'ombre ; tous les ans, en au-tomne, on coupe toutes les tiges à fleur de terre. Dans les bons terreins le plant fubfifte dans la même place bien des années, fans avoir befoin d'être renouvellé. Dans les mauvais terreins la Méliffe dégénere quelquefois en peu de tems ; il faut la renouveller de femence, ou de plant bien franc tiré d'ailleurs. Les feuilles recueillies avant que la plante fleuriffe, font préférables à celles

qu'on ne recueille que vers l'automne. On peut
plufieurs fois, pendant le printems & l'été, couper les tiges naiſſantes, afin de faire pouſſer des
feuilles nouvelles, qui ont plus de qualité.

XLIII. MELON.

LE MELON eſt une plante exotique qui ne réuſſit
dans les climats tempérés que par l'art & les ſoins
multipliés. Ses racines ſont droites, garnies de
chevelu, & s'étendent fort loin. De ſa tige, ou
de ſon tronc, lorſqu'on rabat ſa tige, il ſort pluſieurs ſarmens ou bras rudes au toucher, grêles,
rampants, longs, branchus, garnis de feuilles alternes, les unes preſqu'unies, les autres dentelées
par les bords, quelques-unes preſque rondes,
d'autres anguleuſes, ou à cinq pointes de ſix à
ſept pouces d'étendue, plus ou moins ſuivant la
variété & la vigueur de la plante, portées par une
queue longue de trois à quatre pouces, ſur environ
trois lignes de groſſeur, cylindrique, marquée d'un
ſillon, creuſe, velue & rude au toucher comme la
feuille. De l'aiſſelle des feuilles il naît des fleurs ſo-
litaires, ou par bouquets de deux juſqu'à cinq,
les unes mâles, les autres femelles. De l'aiſſelle de
la plupart des feuilles placées vers l'extrémité des
rameaux, il naît auſſi une vrille ſimple à côté des
fleurs. Les fleurs mâles, portées par un pédicule

court & fort menu, font compofées d'un calice
en godet à cinq divifions longues, très-étroites,
& pointues ; d'un pétale jaune clair, découpé en
cinq (quelquefois jufqu'en huit) parties égales fort
larges & un peu pointues, de trois ou (rarement)
cinq étamines, dont les fommets font très-gros,
fourchus ou divifés en deux & les filets très-
courts, de forte que d'abord on croit appercevoir fix étamines attachées au fond du calice autour d'un petit ftyle. Le pédicule des femelles plus
long & beaucoup plus gros, porte un embryon
de la groffeur & de la forme d'une petite olive,
fur l'extrémité duquel repofe une fleur dont le calice & le pétale reffemblent à ceux des fleurs mâles, mais font beaucoup plus grands. Sur le fond
du calice eft attaché un ftyle fort court, fendu en
trois, & portant trois ftigmates, accompagné de
trois fauffes étamines vertes, roulées en dedans,
de même forme, mais beaucoup plus groffes que
celles des fleurs mâles. L'embryon devient un
fruit charnu de forme, couleur, groffeur, faveur, &c. différentes fuivant la variété. Son milieu eft divifé en trois grandes loges, dont chacune
contient jufqu'à trois cents pepins elliptiques.

Par la mauvaife pratique de la plupart des Jardiniers qui élevent plufieurs variétés de Melon
dans le même enclos de couches ; fouvent fur la

même couche, & fous un même chaffis, il arrive que la pouffiere des étamines fe mêlant, les graines fécondées par ce mêlange produifent des nouvelles variétés dégénérées en mieux, & le plus fouvent en pire, & ne reproduifent point leur variété franche, auffi diftingue-t-on aujourd'hui plus de foixante variétés de Melon, & on pourroit en compter plufieurs centaines, fi les Jardiniers avoient été attentifs à les conferver. D'ici à peu d'années il ne fubfiftera peut-être aucune de ces variétés vraie & franche; d'autres leur auront fuccédé. Ainfi les defcriptions que j'en pourrois faire deviendroient inutiles. Je nommerai feulement les principales, & je décrirai celles qui fe font confervées franches jufqu'à préfent, parce que quelques Jardiniers ne s'appliquent qu'à la culture d'une, d'autres à la culture d'une autre.

1. MELON commun, Melon Maraicher, *Melo vulgaris reticulatus, carne rubrâ.* Les caractefes de ce Melon, le plus communément & le plus anciennement cultivé en France, font de n'avoir aucunes côtes fenfiblement marquées, d'être entierement brodé, d'avoir la chair très-épaiffe, rouge & pleine d'eau. Il eft affez gros, de forme peu conftante, ronde, longue, applatie. Les Jardiniers qui le mouillent beaucoup pour augmenter le volume du fruit, lui font perdre toute fa qualité.

il n'a de goût que dans les années féches , & lorfqu'il a été très-peu arrofé.

2. Melon-Morin , Gros Maraicher , *Melo vulgaris major , rotundus , ftellatus reticulatus , carne
rubrá*. Ce Melon eft plus hâtif & plus gros que le
précédent, de forme fphérique , marqué à l'œil
d'une efpece d'étoile ; la broderie de fa peau eft
très-relevée, fur un fond vert tirant fur le noir.
Sa chair eft fort épaiffe , rouge , fucrée & vineufe.

3. Melon des Carmes long , Melon de Saumur,
*Melo ovatus cortice fubluteo tenuiter reticulato , carne
flavá*. Le Melon des Carmes eft de moyenne
groffeur , de forme ovale , fans côtes , ou à côtes
très-peu marquées. Son écorce légérement brodée,
s'éclaircit & devient prefque jaune , lorfqu'il approche de fa maturité. Sa chair eft épaiffe, remplie d'eau fucrée & relevée , plutôt blonde que
rouge , & ferme lorfqu'il n'eft pas trop mûr.

On diftingue plufieurs variétés de Melon des
Carmes. 1°. Le Blanc , *Melo fubovatus , lævi cortice albido , carne flavá* , dont la forme eft un peu
alongée, la peau blanchâtre , unie & fans broderie ; la qualité égale ou même fupérieure à celle du
précédent.

2°. Le Melon à graine blanche , *Melo ovatus ,
lævi cortice viridi , femine albo*. Sa forme eft ovale ;
fa peau verte & fans broderie ; fes pepins blancs ;

fa chair affez pleine d’eau fucrée, mais peu re-levée.

3°. Le Rond, *Melo rotundus, cortice fubluteo tenuiter reticulato, carne flavâ*, qui ne differe du Melon long ou ovale que par fa forme. Le Melon Romain paroît être la même variété bien franche, ou perfectionnée, qui mûrit facilement, & eft rarement mauvaife.

4. MELON de Saint-Nicolas, *Melo oblongus, coftatus, tenui cortice fubviridi, carne rubrâ*. Ce Melon, fuperieur en qualité aux précédens eft de moyenne groffeur, de forme alongée, à côtes bien & réguliérement marquées. Son écorce ver-dâtre eft fort mince. Sa chair épaiffe, ferme, d’un beau rouge, d’un goût fin, fucré vineux.

Il y a un autre Melon dit de Saint-Nicolas de la Grave, qui eft moins gros plus alongé, fans côtes, finement brodé, & très-fucré.

5. MELON de Langeais, *Melo oblongus, coftatus, flavus nonnunquam reticulatus, carne rubrâ*. Langeais, Village environ à fept lieues au-delà de Tours, a donné fon nom à ce Melon qui d’abord n’étoit point cultivé ailleurs. Il n’eft ordinairement que de moyenne groffeur, quelquefois même beaucoup moindre. Il eft un peu alongé, relevé de côtes marquées réguliérement. Au tems de fa ma-turité fon écorce devient d’un jaune doré; quel-

quefois elle est brodée, quelquefois lisse. Sa chair ferme, rouge, très-épaisse , est abondante en eau sucrée & vineuse.

6. GROS SUCRIN de TOURS , *Melo subrotundus , subflavescens ; reticulatus , carne rubrâ saccharatâ , Turonensis.* La forme de ce Melon est ronde, peu reguliere; ses côtes font à peine sensibles ; son écorce devient un peu jaune au tems de sa maturité , & quelquefois se brode plus que celle d'aucun autre Melon. Sa chair est rouge , ferme , pleine d'eau , d'un goût relevé & très-sucré. Cette qualité , d'où il tire son nom , marque son principal caractere. Sa grosseur égale celle du Melon Maraicher.

Le petit Sucrin de Tours , *Melo sphæricus minimus , cortice viridi reticulato ; carne rubrâ saccharatâ , Turonensis* , est rond , applati par les extrémités. Son écorce est verte , quelquefois assez chargée de broderie. Sa chair est rouge d'un goût relevé & fort sucré , aussi épaisse qu'elle le peut être dans ce petit Melon qui égale rarement la moitié du volume du précédent , dont on le regarde comme une variété.

Je me borne à ce nombre de Melons François , qui peuvent se cultiver avec succès dans notre climat ; & que l'on préfere à beaucoup d'autres que j'omets , tels que le Melon de Coulomiers , le plus gros de tous les Melons ; le Melon à graine rouge ; le Melon à chair verte ; le petit Melon hâtif, &c. Et laiffant dans leur climat le Melon d'Italie, le Melon d'Efpagne, le Zatta de Florence, le Melon de Naples, les Melons de Malte à chair jaune, à chair blanche, d'hiver ; le Melon de l'Archipel, &c. Je paffe à une efpece de Melons fupérieurs à tous les autres, & qui font aujourd'hui répandus par-tout.

7. CANTALOUP noir, *Melo parvus, rotundus, verrucofus, atro-viridis, carne rubrâ, Cantalupenfis.* La groffeur de ce Melon égale rarement celle des moyens Melons François. Il eft d'une forme ronde un peu applatie par les extrémités, relevé de côtes fort faillantes. Son écorce quelquefois un peu brodée, eft chargée de verrues ou petites boffes ; elle eft d'un vert très foncé qui ne s'éclaircit point au tems de la maturité. Sa chair eft épaiffe, rouge, ferme, remplie d'eau fucrée, vineufe & excellente. Il eft beaucoup plus hâtif que les Melons François.

Le Melon Cantaloup originaire, dit-on, d'Arménie, n'a été cultivé d'abord qu'à Cantalupi, environ à dix milles de Rome, doù il a tiré fon nom. Les Maraichers, & ceux qui font commerce des fruits de leur Jardin, lui préferent les gros Melons François que le Peuple achete mieux à caufe de leur volume ; mais il eft établi & prefque le feul dans les Jardins particuliers. Son fruit nous

& arrête facilement, est rarement mauvais ; dans
l'arriere-saison même où les gros Melons sont sans
qualités, il conserve son sucre, sa finesse, sa
délicatesse, les estomacs qui ne peuvent supporter
les autres Melons, s'accommodent de celui-ci ;
sa végétation est beaucoup moins lente que celle
de nos Melons, par conséquent on jouit en moins
de tems & avec moins de soins. Tous ces avantages compensent bien le défaut de son volume.
Quelquefois on lui reproche deux autres défauts,
celui d'avoir l'écorce épaisse, & celui de n'être
pas assez plein. Le premier est l'effet des années
froides de notre climat trop tempéré. (Les oran-
ges n'ont point l'écorce fine dans nos Orangeries).
Le second vient de la mauvaise culture ; ce Melon,
qui végete avec force, ne trouve pas assez de nourriture dans le terreau.

La mauvaise pratique dont je me suis plaint au
commencement de cet article a fait varier ce Melon presqu'à l'infini, & souvent dégénérer. Je ne
sais même si la premiere variété, cultivée en Italie,
s'est conservée franche. Cependant nous jouissons
d'un grand nombre de bonnes variétés, de formes,
couleurs, grosseurs différentes. Il y en a dont la
grosseur égale & même excede celle de nos moyens
Melons ; d'autres font moindres qu'une pomme
de Rambour. Les unes ont l'écorce unie, les

autres légérement brodée, la plupart parfemée de
verrues ou de boffes, prefque toutes font relevées de côtes très-faillantes & très-marquées. On
en voit de longues, d'oblongues, de rondes, de
fphériques très-applaties par les bouts, de forme
irréguliere; de noires, de vert foncé, de vert
clair, de jaunes, de blanches, d'orangées; à
chair rouge, à chair blanche, à chair jaune, à
chair verte. Quelques-unes végétent plus lentement (ce font les plus groffes), quelques autres
font mûres cinquante jours après avoir été femées,
&c. Les noms & les defcriptions de toutes ces variétés ne ferviroient peut-être dans quelques années qu'à en faire regretter la perte ou en montrer
la dégénéraſcence.

Culture. 1°. Il faut dans la belle faifon avoir préparé fix ou mieux dix-huit mois d'avance une
terre, dont les deux qualités effentielles font d'être
meuble, & d'être fubftancieufe. Si l'on a une
bonne terre légere, il fuffit de mêler avec moitié
de cette terre un quart de terreau gras, & un quart
de crotin de cheval; de laiffer confommer le tout,
& le paffer à la claie plufieurs fois pour le mêler
& l'ameublir. Si le terrein eft chaud, on peut
fubftituer la bouze de vache ou crotin de cheval;
s'il eft froid, de la fiente du pigeon, ou du crotin
de mouton; s'il eft lourd & compact, on en mêle

un tiers avec un tiers de terreau commun pour l'ameublir, un sixieme de terreau gras & un sixieme de crotin. Les boues des rues, le terreau de feuilles d'arbres, les gazons consommés, les terres d'égout, &c. sont très-propres au même usage : l'essentiel est, comme je viens de le dire, que cette composition, que chacun peut faire de la maniere qui lui paroîtra la meilleure, soit grasse, légere, bien mêlée & bien consommée.

2°. Au mois de Janvier faites une couche de longueur à volonté, (huit ou neuf pieds, la longueur d'un chassis,) de trois bons pieds de hauteur, & de peu de largeur, (deux pieds & demi ou trois pieds ;) que le fumier soit bien foulé. En même tems faites autour un rechauf d'un pied de largeur, de six pouces plus haut que la couche. Couvrez la couche de six pouces de terre ou terreau.

Aussi-tôt qu'elle aura jetté son grand feu, mais que cependant la main enfoncée dedans puisse avec peine en souffrir la chaleur, remplissez de terre composée de petits pots à Basilic ; semez une graine de Melon dans chacun ; enfoncez-les dans la couche, & couvrez-les de cloches ou de chassis. S'il fait de fortes gelées, bornez les cloches, & jettez par-dessus de la litiere, des paillassons, &c. Lorsque la graine est levée, il faut redoubler d'atten-

tion pour défendre le plant du froid , fur-tout
pendant les nuits ; le préferver de l'humidité, en
effuyant les cloches ou les verres lorfqu'ils font
chargés des vapeurs humides de la couche ; lui
donner de l'air toutes les fois qu'il eft fupportable , & fur-tout lorfqu'il fait quelque rayon de
foleil, ne le tenant rigoureufement renfermé que
dans les tems de brouillards , de neiges, de pluies
froides ; entretenir une chaleur modérée dans la
couche , en remaniant le rechauf avec du fumier
neuf, & le rétabliffant fur le champ. Enfin lorfqu'on prévoira que ce fecours fera infuffifant pour
foutenir fa chaleur , il faut faire une autre couche
femblable , dans laquelle on tranfportera les pots.
En même tems on femera d'autres graines de
Melons dans d'autres pots fur cette feconde couche , pour avoir du plant propre à fuccéder au
premier , ou à le remplacer en cas qu'il périffe.
Cette feconde couche & le plant exigent les
mêmes foins.

3°. Si la chaleur de chacune de ces deux couches ne s'eft foutenue que quinze jours , il fera
néceffaire de tranfporter les pots dans une troifieme
couche. Mais fi elle s'eft foutenue trois femaines
ou plus, le plant fera affez fort pour être mis en
place à demeure. (Les couches où il entre du tan ,
celles de bruyere , ou de feuilles d'arbres confer-

vent ordinairement leur chaleur assez long-tems pour qu'une seule suffise.) Préparez des couches larges de quatre pieds & demi sur deux pieds de hauteur, après avoir été foulées & marchées; que leur surface soit en talus incliné au Midi. Couvrez-les d'un pied ou au moins de dix pouces de terre composée, lorsque le premier feu sera passé; faites en même tems, ou peu de tems après, les rechaufs, & couvrez-les pareillement de terre. Lorsque la couche sera d'une chaleur convenable, vous y placerez, deux pouces plus bas que la superficie de la terre, votre plant en motte bien entiere; & si la terre est séche, vous verserez un peu d'eau pour la lier avec celle de la motte. Il ne faut qu'un pied sous chaque cloche. Sous les chassis on dispose le plant à trois pieds de distance, de sorte qu'un chassis de douze pieds contient quatre pieds de Melon. Si l'on en met deux rangs en échiquier, il en contiendra le double, mais le plant sera mal à l'aise, & ses bras feront bientôt confusion. Le mieux est de n'en mettre que trois pieds, qui bien conduits garniront suffisamment le chassis.

4°. Lorsque le plant a quatre ou cinq feuilles outre les cotylédons ou oreilles, il faut le rabattre au-dessus de la seconde feuille, afin qu'au lieu d'une seule tige, il pousse deux ou trois branches, bras ou coureurs. Ordinairement il est assez fort

pour souffrir cette opération avant que d'être mis
en place. Si la continuité des fortes gelées & des
rigueurs de la saison a retardé son progrès, il faut
différer cette taille jusqu'à ce qu'il soit planté à
demeure. Des bras, qu'il ne tarde pas à pousser,
on choisit les deux ou trois plus vigoureux, & on
supprime toutes les branches fermes qui sont sor-
ties ou qui sortiront par la suite du collet de la
plante ; mais on ne retranche ni les cotylédons,
ni les fleurs mâles qui y paroissent. Les bras conservés ayant quatre ou cinq feuilles, on les pince
au-dessus de la seconde feuille, afin qu'ils se
ramifient. Ces nouveaux jets se taillent de même,
& encore ceux qui en naîtront, si les tailles
précédentes n'ont pas produit un nombre de
branches suffisant pour garnir la couche ; nombre
qui peut rarement excéder huit, à moins que le
pied ne soit très-vigoureux, & d'une variété de
petits Melons.

Pendant la multiplication successive de ces branches, il faut être attentif à supprimer les branches
gourmandes qui sortent quelquefois du tronc (leur
direction droite, leur vivacité & leur grosseur les
caractérisent ;) les branches plates ; les petites branches foibles qui s'alongent à cinq ou six pouces
avant que d'avoir une feuille ; une partie des vrilles ; certaines grandes feuilles plus alongées ; plus

épaiſſes, & d'un vert plus foncé que les autres, toutes productions qui conſomment inutilement beaucoup de ſeve. Faire choix des branches fortes, bien placées, bien conditionnées, dont les feuilles naiſſent à peu de diſtance les unes des autres ; les ranger de façon qu'elles couvrent & garniſſent bien le terrein, ſans être confuſes.

5°. Laiſſer ces bras croître & s'alonger en liberté juſqu'à ce qu'il y ait du fruit noué & arrêté. S'il en noue pluſieurs ſur chaque bras, ou ſur quelques-uns, attendre que la régularité de leur forme ſoit bien décidée ; car dans ce fruit les défauts extérieurs ſont des marques ordinairement certaines de défauts de qualité. Ayant fait choix des fruits les mieux conformés & les mieux conditionnés, ſupprimer les autres, n'en laiſſant qu'un ſur chaque branche. En même tems tailler la branche à un œil au-delà du fruit, ſi elle eſt foible ; à deux ou trois, ſi elle eſt vigoureuſe ; car le fruit peut périr par excès comme par défaut de nourriture. Si une branche a été d'abord taillée à deux ou trois yeux, dans la ſuite elle ſe rabattra à un ſeul, lorſque le fruit, étant parvenu preſqu'à ſa groſſeur, pourra conſommer toute la ſeve de cette branche. Cependant aux variétés de petits Melons on peut laiſſer deux fruits ſur les bras forts, lorſque le pied montre une grande vigueur.

Les bras étant ainsi arrêtés, il ne manque pas de sortir des branches tant des yeux qui font au-delà du fruit, que de ceux qui les précédent. Tous les huit jours au moins il faut faire la revue de ces nouveaux jets, & en retrancher plus ou moins suivant la force du pied & le nombre de fruits qu'il porte. Trop de ces petites branches laissées sur un pied foible, dérobent la nourriture nécessaire au fruit ; trop peu laissées sur un pied fort, obligent la seve, jusqu'à ce qu'elle se soit fait de nouvelles issues, à se porter avec trop d'abondance dans le fruit, crue, indigeste, mal travaillée. Des plaies trop fréquentes & trop multipliées alterent beaucoup la plante par la grande quantité de seve qui s'écoule par ces ouvertures, & celle qui est employée à leur cicatrisation. Il vaut mieux laisser courir quelques-unes de ces branches pour absorber le superflu de la seve, que de ruiner la plante par des mutilations continuelles.

6°. Depuis que le fruit est bien noué & arrêté, jusqu'à sa parfaite maturité, il est essentiel de le préserver d'être jamais mouillé par l'eau des pluies ni des arrosemens ; le tronc de la plante demande la même attention. Lors donc qu'il survient de la pluie, ou qu'il faut mouiller, on met des cloches, ou des pots renversés sur le pied & sur chaque fruit, & on les retire ensuite. Ce soin est important, fur-tout dans les années pluvieufes. Mais j'obferverai que le Melon ne doit être arrofé que dans l'extrême néceffité ; & qu'au lieu de mouiller la couche en plein, il vaux mieux verfer l'eau çà & là, fans en répandre fur aucune partie de la plante, qui ne peut être tenue trop féche ; ou n'arrofer que les fentiers, comme il fera dit ci-après.

7°. Pour recueillir de bonne graine, il faut choifir un fruit qu'on juge très-bon à fon odeur, à fon poids, à la régularité de la forme & à la groffeur convenable à fa variété ; on peut même en couper un petit morceau, & s'affurer de fa bonté par le goût ; le laiffer fur le pied jufqu'à ce qu'il tombe en pourriture, ou le cueillir lorfqu'il eft paffé de maturité & l'expofer au foleil, jufqu'à ce qu'il pourriffe, alors en retirer la graine, la laver, la laiffer bien fécher à l'ombre, la ferrer en lieu fec ; elle fera bonne à femer pendant huit ou neuf ans. Si l'on craint de facrifier un fruit, il faut du moins ne recueillir la graine que de ceux qui font très-bons, très-mûrs, & qui n'ont point été rafraîchis dans la glace ou dans l'eau de puits ; détacher des loges qui ont toujours été expofées au foleil toute la pulpe fpongieufe à laquelle tient la graine ; y laiffer la graine attachée pendant deux ou trois jours avant que de la laver. Elle fera moins mauvaife que celle qu'on retire d'un Melon en le mangeant , & qu'on lave fur le champ.

Les autres foins néceffaires au fuccès des Melons, font 1°. d'entretenir la chaleur des couches bien égale jufqu'à la mi-Mai; pendant ce mois la variété de la température , qui paffe prefque fubitement du froid au chaud , oblige fouvent dans certaines années de défaire , & de rétablir peu après les rechaufs. 2°. Pendant le même mois commencer à donner quelques légers arrofemens lorfque le plant en a befoin , mais avec les précautions marquées ci-devant, & jamais pendant le grand foleil. Lorfque les bras ont pris une grande étendue , les racines en ont ordinairement pris encore davantage, & ont pénétré jufque dans les fentiers des couches. Alors le mieux eft de mouiller abondamment & fréquemment les fentiers , & très-peu , ou même point du tout, les couches. C'eft pour cela que j'ai recommandé de couvrir les fentiers de terre comme la couche. 3°. Tenir les jeunes fruits à couvert fous les feuilles , & au contraire les découvrir lorfqu'ils approchent de leur groffeur. 4°. Dans l'arriere-faifon mettre fous les fruits une tuile ou un teffon pour les préferver de l'humidité de la couche. Dans les chaleurs jetter fur les cloches & les chaffis un peu de litiere éparfe ou une toile claire à emballage , pour brifer les rayons du foleil

5°. Jetter un peu de pouſſiere ſur les plaies que l'on fait en taillant, pour arrêter l'écoulement de la ſeve, & cicatriſer plus promptement. 6°. Arroſer les Melons avec de l'eau douce & légere; ſi l'on eſt réduit à l'eau de puits, ne la pas employer crue & nouvellement tirée, mais la laiſſer pendant vingt-quatre heures au moins dépoſer & s'échauffer avant que d'en faire uſage.

On peut ſemer des Melons depuis le commencement de Janvier juſqu'au commencement de Mai. Les premiers & les derniers ſemis ſont de Cantaloups & de Melons de petite eſpece, qui ſont moins lents à donner leur fruit que les autres. Depuis la mi-Avril on peut ſemer en place, & on peut planter des Melons des derniers ſemis juſqu'en Juillet ſur des couches neuves ou ſur celles qui ont porté les premiers Melons. Si l'on avoit oublié de faire les derniers ſemis, on peut y ſuppléer en marcotant dans de petits pots des branches de Melon, qui ſont bientôt enracinées, ou en faiſant des boutures des branches qu'on retranche à la taille : on les plante ſous des cloches qu'on tient baiſſées & couvertes de litiere pendant quelques jours.

Depuis la mi-Mars juſqu'à la mi-Avril il ſuffit de donner deux pieds d'épaiſſeur de fumier aux couches bien foulées & marchées. Un pied ou

quinze pouces suffisent à celles qui se font après
la mi-Avril.

Toute la culture du Melon peut se réduire à
quelques points principaux : le semer en pot, pour
lui ménager la fatigue & les retardemens que lui
occasionnent les transplantations : le planter dans
de bonne terre pour lui fournir la nourriture &
la qualité qu'il ne peut tirer du terreau, résidu
insipide : le défendre du froid, & cependant lui
donner de l'air le plus qu'il est possible : ne le
point ruiner par des plaies, des tailles, des sup-
pressions continuelles : préserver le fruit des pluies
& des arrosemens.

Dans un terrein substancieux sans être humide,
on peut cultiver des Melons en pleine terre avec
succès dans les années chaudes & séches. Vers le
15 Avril il faut semer dans des pots placés dans
une couche de la graine des variétés de Melon les
plus hâtives. Y soigner & former le plant jusqu'après sa premiere taille. Alors le planter en motte
dans les plates-bandes des espaliers au Midi, ou sur
des ados inclinés au Midi. Lorsqu'il y a du fruit
arrêté, placer au-dessus des plantes des paillassons
en forme d'auvents assez élevés pour ne leur point
dérober le soleil ; & assez bas pour les garantir des
pluies ; ou disposés de façon qu'ils puissent être
baissés ou élevés suivant le besoin. Lorsque ces

Melons réuffiffent, ils font d'un goût fin & excellent. Comme ils n'exigent ni grands foins, ni dépenfe, on peut en rifquer quelques pieds dans les années qui paróiffent favorables. Leur fruit mûriffant
tard, il eft néceffaire de mettre deffous plufieurs
tuiles pour le préferver de la fraîcheur de la terre.

Les cloches foufflées font d'un mauvais ufage
pour la culture du Melon. Celles du plus grand
moule font à peine capables de contenir un pied
de Melon jufqu'à fa feconde taille. Les cloches de
pieces de verre affemblées avec du plomb, pouvant
avoir jufqu'à deux pieds de diametre, font meilleures, & mettent plus long-tems le Melon à couvert; mais enfin elles deviennent infuffifantes;
d'ailleurs la premiere dépenfe en eft confidérable.

XLIV. MELON D'EAU.

LE MELON d'Amérique, petit Melon d'eau,
*Melo folio laciniato, fructu globofo viridi glabro
maculis flavis virgato, Americanus,* connu & cultivé à Paris fous le nom de *Melon d'eau,* à caufe
de fa reffemblance avec le gros Melon d'au commun en Provence & en Italie, eft une plante dont
la conftruction eft la même que celle des Melons.
Mais fa feuille eft découpée profondément & plutôt aîlée que palmée, divifée en trois parties prin-

cipales ou grandes découpures, dont les deux latérales font comme refendues ou partagées en deux
moindres inégales. La découpure directe eft prefqu'
double des latérales en longueur, & porte de chaque côté deux découpures très-inégales. Toutes ces
divifions & fous-divifions font arrondies à leurs
extrémités, finuées fur un côté, & féparées l'une
de l'autre par des finus bien arrondis. La couleur
de la feuille eft un vert un peu lavé de bleu. Les
fleurs font moindres que celles des autres Melons
& d'un jaune foufre ou très-pâle. L'embryon des
fleurs femelles eft rond & devient un fruit fphérique, liffe, de fix à fept pouces au plus de diametre, vert, marqué fuivant fa longueur de raies
formées d'un affemblage de taches jaunes difpofées réguliérement & comme une mofaïque.
Son écorce eft mince; fa chair, blanche & tranf-
parente, eft pleine d'eau fans faveur & fans odeur.
Les femences font d'un rouge ponceau.

Culture. Ce fruit infipide n'étant propre qu'à être
confit avec le Cédrat & autres fruits de ce genre,
dont il prend très-bien le goût & le parfum, on
defire qu'il ne mûriffe que dans le tems ou ces
fruits arrivent à Paris : c'eft pourquoi on feme la
graine fur couche en Mars ou Avril, foit à demeure, foit pour repiquer le plant fur couche,
ou même en pleine terre dans de petites foffes

remplies de bonne terre compofée, ou de terreau.
Lorfque par la taille les pieds font garnis d'un
nombre fuffifant de bras, on les laiffe courir en
liberté, fans les arrêter, ni fupprimer aucun des
fruits qui y nouent. Ils ne demandent d'autre foin
que d'être mouillés au befoin.

X L V. M E L O N G E N E.

CETTE plante annuelle, de la famille des Solanum, eft fort eftimée & cultivée dans le Languedoc
& les autres Provinces méridionales. Avec quelques foins elle réuffit bien dans notre climat, &
fon fruit n'y eft pas plus mauvais que dans les pays
plus tempérés. Elle a plufieurs variétés ; & porte
différens noms, *Melongene*, *Mayenne*, *Aubergine*,
Meringeane, *Viédafe*, &c.

1. MELONGENE à fruit long rouge, *Melongena
fructu longo purpureo*. La tige, haute de deux à trois
pieds, eft affez groffe, ronde, un peu teinte de
pourpre, garnie de branches dans toute fa longueur. Ses feuilles, portées par de longues &
groffes queues, font d'un vert lavé de bleu & couvertes d'une pouffiere blanche, de fix à huit pouces
de longueur fur trois à quatre pouces de largeur,
terminées en pointe, velues & rudes au toucher,
unies par les bords, mais froncées & pliffées. Ses

fleurs nombreuſes ſortent des branches par bouquets de trois ou quatre, attachées à un petit pédicule, & compoſées d'un calice à cinq ou ſix diviſions qui ne tombe point, mais croît & s'étend ſur
le fruit qu'il recouvre juſqu'à environ le tiers de
ſa longueur; d'un ſeul pétale de couleur purpurine, découpé en cinq & plus ſouvent en ſix pieces
égales, pointues, & froncées; de cinq ou ſix étamines courtes qui ſe réuniſſent, & ſerrent un
piſtil dont l'embryon devient un fruit long, de la
forme d'un petit Concombre, liſſe, de couleur
purpurine, quelquefois rayé de blanc & de vert;
ſa chair eſt blanche & aſſez pleine d'eau inſipide.
Le centre du fruit eſt occupé par deux loges éten-
dues ſuivant ſa longueur, & remplies d'un grand
nombre de graines plates, petites, reniformes,
d'un blanc ſale. Toutes les parties de la plante,
ſur-tout celles qui tiennent au fruit, ſont garnies
de poil rude & piquant.

2. MELONGENE à fruit rond rouge, *Melongena
fructu rotundo purpureo.* La forme ronde du fruit
eſt le ſeul caractere qui diſtingue cette variété de
la précédente.

3. MELONGENE à fruit rond jaune, *Melongena
ovato fructu flaveſcente.* La tige de cette variété eſt
moins haute & moins rameuſe; ſes feuilles ſont un
peu découpées; & ſon fruit eſt jaune, oviforme.

4. **MELONGENE** à fruit long jaune, *Melongena humilis spinosa, longo fructu flavescente*. La plante s'éleve très-peu ; ses feuilles sont d'un vert plus pâle, plus découpées que celles de la précédente, garnies le long de leurs nervures en dessus & en dessous d'épines aiguës. Ses fleurs sont plus petites ; & son fruit alongé devient jaune en mûrissant.

Culture. De ces quatre variétés, dont le fruit est de même qualité, & n'a de goût que celui qu'il reçoit de l'assaisonnement, la premiere est la plus cultivée, parce que son fruit a plus de volume. La graine se feme de bonne heure fur couche, afin que la récolte du fruit prévienne les premieres gelées de l'automne auxquelles cette plante succombe. Lorfque le plant est assez fort, & qu'il n'y a plus de gelées à craindre, on le repique à dix-huit pouces de diftance fur couche, ou dans une plate-bande d'espalier au Midi, & on le mouille souvent.

XLVI. MOUTARDE.

1. **M**OUTARDE ou Senevé cultivé à feuille de Rave, *Sinapi hortense Raphani folio.* le Senevé cultivé est une plante annuelle, qui éleve à quatre ou cinq pieds, plus ou moins fuivant le terrein, une tige droite, cylindrique, d'environ demi-

pouce de diametre, souvent teinte de violet du côté du soleil, garnie de feuilles alternes découpées inégalement, & finement sinuées ou dentelées en sinus, portées par de grosses queues aîlées ou garnies de plusieurs appendices de diverses formes & grandeurs. Les feuilles du bas de la tige ont de six à sept pouces de longueur sur un peu moins de largeur; les autres diminuent de grandeur & se découpent plus réguliérement à mesure qu'elles naissent plus loin de la racine. De l'aisselle des feuilles ils sort des branches qui se ramifient elles-mêmes. Toutes les branches & leurs rameaux sont terminés par des épis de fleurs composées d'un calice à quatre divisions; de quatre pétales jaunes disposés en croix, arrondis à leur extrémité; de six étamines, dont deux fort courtes, toutes accompagnées de glandules qui sont remarquables dans les fleurs de plusieurs plantes de cette famille; enfin d'un style porté sur un embryon qui devient une silique peu alongée, pointue, souvent quadrangulaire, garnie de trois à huit petites graines sphériques, brunes. Toutes les parties de la plante, excepté les siliques, sont garnies de poils rudes.

2. MOUTARDE à feuille d'Ache. Moutarde blanche, *Sinapi hortense apii folio, siliquis hispidis.* Les feuilles semblables à celles de l'Ache; l'odeur agréable des fleurs & leurs pédicules plus

longs;

longs ; les filiques couvertes de poil rude ; les
graines blanches, font des caracteres qui diftinguent bien cette variété. Je ne décrirai point plufieurs autres Senevés qui ne fe trouvent que très-
rarement & peu utilement dans les Jardins. Ces
deux même ne fe cultivent que dans les très-
grands Potagers, où l'on veut tout raffembler.

Culture. Au mois de Mars on feme fort clair le
Senevé en terre meuble & bien expofée ; ou bien
on le feme en pépiniere fur couche ou dans des
caiffes, & lorfque le plant eft affez fort, on le repique en place. La graine mûrit à la fin d'Août,
& eft bonne à femer pendant deux ans.

X L V I I. N A V E T.

1. Navet commun long , *Napus fativa , longâ
radice albâ.* La racine de ce Navet eft conique ou
pyramidale ; de deux pouces de diametre à fa bafe
(plus ou moins fuivant le terrein) , douce , tendre ,
couverte d'une peau fort blanche. De fa bafe il
fort & fe couche prefque horizontalement une
touffe de feuilles oblongues, d'un vert foncé,
couvertes de poil rude , découpées très-profondément & prefque aîlées ; du milieu defquelles
s'éleve, à deux ou trois pieds , une tige liffe , cylindrique, garnie de feuilles alongées , entieres,

beaucoup moindres que celles du pied, de l'aiſ-
felle deſquelles il ſort des branches qui portent à
leurs ſommités des fleurs jaunes, rarement blanches, dont toutes les parties ſont les mêmes, &
diſpoſées comme dans la fleur du Chou du Senevé,
&c. Il leur ſuccéde des ſiliques longues, cylindriques, diviſées ſuivant leur longueur par une cloi-
ſon en deux panneaux, garnis de petites graines
brunes, preſque rondes, peu nombreuſes, qui
étant bien aoûtées & conſervées féchement ſont
bonnes à ſemer pendant deux ans.

Ce Navet a une variété. 2. *Napus ſativa, rotunda radice albâ*, NAVET rond commun, qui
n'en differe que par la forme ronde de ſa racine,
qui a beaucoup plus de diametre que celle du Navet long ; mais étant plus courte, la maſſe eſt
à-peu-près égale.

On compte un grand nombre de variétés de Navets que je ne décrirai point, perſuadé qu'elles
ſe réduiroient bien ſi elles étoient cultivées dans
un même terrein, comme le prouvent les Navets
de Saulieu, de Fréneuſe, du Gâtinois, de Picar-
die, &c. dont la graine ſemée ailleurs donne des
Navets différens de forme, de groſſeur & de qualité. Cependant on peut regarder comme des variétés conſtantes, au moins pour la forme & la
couleur.

3. LE NAVET de Meaux, *Napus sativa, magnâ radice longiore ex albido flavescente*, dont la racine a jusqu'à dix pouces de longueur sur un diametre proportionné ; sa peau est d'un blanc tirant sur le jaune.

4. Le NAVET de Berlin , *Napus sativa , oblongâ radice minimâ albâ.* Il est fort petit , blanc, un peu alongé , fort tendre & de bon goût. On cultive sous le même nom , ou sous le nom de *Navet de Léon*, un autre Navet dont la racine est grosse , de forme conique , tendre & fort blanche.

5. LE NAVET rouge , *Napus sativa , rotundâ radice puniceâ*, fort estimé en Angleterre. Sa racine est de grosseur médiocre, ronde , teinte de rouge , ou plutôt de violet.

6. LE NAVET gris, *Napus sativa , oblongâ radice cinereâ* , dont la racine est alongée & la peau grise. Rarement il est tendre.

7. LE NAVET printannier , *Napus sativa , parvâ radice rotundâ , præcox.* C'est un petit Navet rond , applati par les extrémités , de la forme d'un oignon , qui se seme dès le mois de Mars.

Culture. Le Navet aime les terres légeres & sableuses: il y devient moins gros que dans les terres fortes & humides, mais il y acquiert plus de goût & de qualité. Quelle que soit la nature du terrein , il doit être bien labouré , dressé & ameubli. Lorsf-

qu'il n'eſt ni trop ſec, ni trop mouillé, on y ſeme
la graine très-claire, & on y paſſe légérement le
rateau. Depuis qu'elle eſt levée juſqu'à ce que le
plant ait quelques feuilles, il faut fréquemment
donner de légeres mouillures pour en éloigner la
Liſette qui dévore les cotylédons, & ruine le ſemis, ſur-tout dans les mois de Juin & Juillet.
Lorſque le plant eſt fortifié, on le ſarcle & on
l'éclaircit : il ne demande pas d'autres façons.
Avant les fortes gelées on arrache les Navets, &
on les entaſſe en lieu couvert.

Le Navet peut ſe ſemer en Février ſur des couches fort tempérées, couvertes de dix pouces de
terre meuble ; & en pleine terre depuis le mois
de Mars juſqu'à la mi-Août. Les Navets des derniers ſemis s'arrachent en Novembre ; on les met
dans le ſable, ou en tas ſans ſable dans une ſerre ;
ou bien on les arrange dans une foſſe creuſée en
terrein ſec dans laquelle les pluies ne puiſſent pénétrer, & qu'on couvre de chaume. Au mois de
Mars on choiſit le nombre convenable des plus
beaux, & on les plante à un pied de diſtance pour
recueillir de la graine. Dans quelques terreins où
le Navet ne devient ni véreux ni cordé, & où les
gelées ne l'endommagent point, on ne l'arrache
qu'à meſure qu'on le conſomme ; c'eſt un ſoin de
moins.

XLVIII. OIGNON.

L'OIGNON est une plante bulbeuse, annuelle, dont les racines font des fibres blanches, déliées, simples & fans ramification, longues de deux à trois pouces, qui fortent d'un fupport, bafe ou collet peu étendu en largeur & de très-peu d'épaiffeur. De la partie fupérieure du collet fortent des feuilles cylindrique, très-liffes, fiftuleufes, terminées en pointe, longues de douze à dix-huit pouces fur quatre ou cinq lignes de diametre, plus ou moins fuivant l'âge, la force & la variété de la plante. Ces feuilles, à leur naiffance, ont des gaînes entieres & fermées, membraneufes, qui, dans leur partie inférieure, font garnies en dedans d'une chair ou fubftance affez ferme, blanche, épaiffe d'une à deux lignes, & forment un renflement, bulbe ou oignon arrondi fur fon diametre, de forme, groffeur & couleur fuivant la variété; leur partie fupérieure eft un tube membraneux, mince, cylindrique, long d'un à quatre pouces, qui fe defféche lorfque la bulbe eft parvenue à fa groffeur.

Lorfque l'Oignon monte en graine, toute la fubftance charnue des gaînes, qui formoit fa bulbe, s'amaigrit, fe fond & fe diffipe, & la bulbe difparoît peu-à-peu, à mefure que la tige ou les tiges s'élevent ; car chaque bulbe en produit d'une à dix. Ces tiges embrassées à leur naissance par les gaines de quelques feuilles , parviennent à une hauteur de trois à quatre pieds , droites , nues , lisses , creuses & fistuleuses comme les feuilles , renflées vers leur milieu , portant à leur extrémité une tête à-peu-près de la même forme que la bulbe , couverte d'une membrane , spate ou valve mince qui se déchirant laisse paroître & s'étendre une ombelle sphérique qui contient un très-grand nombre de fleurs. Chaque fleur portée par un pédicule délié , long de huit à quinze lignes est composée de six (quelquefois jusqu'à huit) petits pétales blancs ou pourpres , suivant la variété , terminés en pointe , & marqués d'une ligne verte suivant leur longeur , tous adhérens à leur naissance , de sorte que la fleur paroît monopétale : d'un nombre d'étamines égal à celui des pétales & attachées sur leur onglet , vis-à-vis de la petite ligne verte , dont les filets blancs , très-fins , larges à leur naissance , longs de deux à trois lignes , se terminent par des sommets d'un vert clair : d'un gros embryon triangulaire applati à son sommet , marqué d'une ligne verte le long de chaque angle , qui porte un (rarement deux) style blanc sans stygmate. Cet embryon devient une capsule séche à trois loges , remplies de graines prefque rondes, un peu anguleufes, couvertes d'une pellicule noire.

1. OIGNON rouge commun, *Cepa vulgaris floribus & tunicis purpurafcentibus*. Cet Oignon, le plus communément cultivé, parce qu'il réunit l'avantage de la groffeur & celui de fe conferver long-tems, eft bien arrondi fur fon diametre, & un peu applati par les extrémités. Ses fleurs font d'un rouge approchant du pourpre. La membrane de fes gaînes eft teinte de cette couleur, qui pénétre affez avant dans leur partie charnue, de forte que coupé horizontalement, il repréfente des cercles concentriques blancs & rouges. Cette couleur fe fonce au feu & devient violette ; ce qui, joint à fon goût fort, le rend peu agréable aux yeux & aux palais déclicats.

2. L'OIGNON pâle commun, *Cepa vulgaris tunicis pallidè purpurafcentibus*, eft un peu moins gros, plus applati que le rouge, & d'un goût moins fort ; fa peau eft d'un rouge pâle. Il fe conferve long-tems. Sa variété, d'un jaune clair prefque citron, *Cepa vulgaris tunicis flavefcentibus*, eft de mêmes forme & groffeur, plus doux, & moins de garde. La couleur de ces deux Oignons, qui font les plus eftimés à Paris, n'eft point ou prefque point fenfible dans l'intérieur de leur bulbe, & n'eft bien marquée que fur leurs tuniques extérieures.

3. OIGNON blanc, *Cepa vulgaris alba*. La bulbe de cet Oignon, qui eſt blanche dans l'intérieur & à l'extérieur, eſt de même forme, mais moins groſſe que celle du rouge, d'un goût fort doux. Il a une variété, *Cepa vulgaris alba minor*, qu'on nomme *Blanc hâtif*. Elle n'en differe que par ſes feuilles, qui ſont beaucoup moins grandes ; & elle n'eſt hâtive que parce qu'ordinairement on la feme avant l'hiver, pour en jouir depuis le mois de Mai ſuivant juſqu'à l'automne. Ces deux Oignons blancs étant fort doux, ſont les plus recherchés à Paris.

4. OIGNON blanc d'Eſpagne, *Cepa alba maxima turbinata*. Si cet Oignon ſe conſervoit long-tems, ſa groſſeur extraordinaire & ſa douceur le feroient préférer à tous les autres. Il eſt de forme un peu turbinée ou alongée en pointe du côté des feuilles & du côté des racines. Sa variété rouge, *Cepa rubra maxima turbinata*, n'en eſt diſtinguée que par la couleur & un peu moins de douceur.

L'Oignon de Florence eſt blanc, fort tendre & fort doux ; mais étant très-petit, & n'étant d'uſage qu'en vert, parce qu'il ne ſe conſerve point ſec, il ſe cultive peu.

5 L'OIGNON long blanc, *Cepa alba cylindrica*, & ſa variété rouge forment une bulbe cylindrique longue de ſept à huit pouces, ſur environ deux

pouces de diametre. Ils ne se trouvent que chez quelques curieux, étant très-difficiles sur le terrein.

Culture. L'Oignon aime un terrein gras & précédemment amendé par les engrais, & non pas nouvellement fumé, meuble & préparé par deux labours, dont le dernier doit être fait environ un moi avant que l'on seme, afin que la terre soit un peu raffermie. On corrige le mieux que l'on peut les fonds humides & compacts, & les terres sablonneuses & maigres ; celles-ci par les engrais, les autres par les labours.

I. En Juillet & Août dans les terres fortes, en Août & jusqu'à la mi-Septembre dans les terres légeres, on seme fort dru une planche, ou plusieurs suivant le besoin, d'Oignon blanc hâtif ou à petites feuilles, préférablement au Blanc à grandes feuilles, au Rouge, & au Pâle, qui cependant réussissent bien. Si le tems est sec, on donne quelques arrosemens pour faciliter & avancer la germination de la graine ; mais lorsqu'elle est levée, on ne mouille plus. En Octobre on repique à deux ou trois pouces de distance le jeune plant, dont on laisse une petite portion en pépiniere pour regarnir en Mars les pieds qui peuvent périr pendant l'hiver. Dans les neiges & les très-fortes gelées, il est bon de jetter dessus un peu de litiere ou de feuilles d'arbres. En le mouillant souvent & abon-

damment au printems, les bulbes deviennent groffes & belles; elles font formées en Mai ou Juin.
On les arrache, & on les confomme pendant l'été
& l'automne; car elles ne fe confervent pas au-delà
de Novembre ou une partie de Décembre. Lorfqu'elles commencent à pouffer, on choifit les plus
belles, on les repique en bonne expofition ; elles
foutiennent bien l'hiver & donnent leur graine
l'été fuivant de bonne heure & abondamment.

II. L'Oignon qui doit fe confommer pendant
l'hiver fe feme à la fin de Février dans les terres
légeres, un mois plus tard dans les terres fortes.
Les planches de terre légere étant dreffées, il faut
les marcher à pieds joints, y femer la graine affez
abondamment, & herfer légérement avec la fourche. Si l'on a du terreau, après avoir herfé avec
la fourche, on paffe légérement le rateau pour
unir les planches, & on les couvre également d'environ trois lignes de terreau. Dans les terres fortes
(qu'il eft dangereux de trop unir, parce que les
pluies les battent, les fcellent, les durciffent, &
enfuite le hâle les fait fendre & gerfer) on feme
fur le labour groffier, on marche, & on herfe avec
la fourche ; mais on ne paffe point le rateau. Il eft
très-avantageux & même néceffaire de les couvrir
de terreau ou de menu fumier bien confommé.

Lorfque la graine eft bien levée, on farcle la

plant, & enfuite on arrofe pour raffermir la terre.
Le farclage fe réitérera autant qu'il fera néceffaire,
& les arrofemens fe multiplieront fuivant le terrein, la groffeur & la durée que l'on veut procurer à l'Oignon ; car étant fouvent mouillé il devient plus gros, mais il fe conferve moins.

Le plant ayant acquis de la force, & n'ayant
plus rien à craindre des intempéries de la faifon,
il faut l'éclaircir s'il eft trop ferré, de forte qu'il y
ait entre chaque pied deux pouces & demi ou
trois pouces de diftance. Le petit plant arraché
peut être utile, comme je le dirai ci-après.

Les bulbes étant à-peu-près à leur groffeur, &
la multiplication & l'accroiffement des feuilles
commençant à diminuer, il faut tordre ou rompre
la fane au-deffus de la bulbe ; opération néceffaire
dans les terres fortes & humides, ordinairement
inutile dans les terres féches. Dès que la fane rompue ou non commence à fe renverfer ou à jaunir,
on arrache tous les pieds qui ont ces fignes de maturité, & les autres fucceffivement, à mefure qu'ils
les acquierent. En même tems on coupe les feuilles
deux ou trois pouces au-deffus de la bulbe, & on
laiffe pendant douze ou quinze jours l'Oignon
étendu fur le terrein, ou mieux fous des bâtimens
airés, où il foit à couvert de la pluie qui lui eft fort
nuifible ; enfuite on le porte au grenier. Quinze

jours après on le nettoie de terre , de racines & de peaux féches qui s'en détachent. Il eft bon de le remuer de tems en tems pour l'entretenir fec , & l'empêcher de germer. Enfin aux approches des fortes gelées, on le ramaffe en tas & on le couvre de paille , fi le lieu où il eft renfermé n'eft pas inacceffible à la gelée , qui toutefois ne le fait pas périr, mais diminue fa qualité & fa durée.

III. Le petit plant qui a été arraché, pour éclaircir les planches d'Oignon , peut être employé de deux façons. 1°. On peut le repiquer en planches dans les terreins où l'Oignon repiqué réuffit. Il eft même plus commode dans ces terreins de femer très-abondamment de la graine dans un petit efpace , & de tirer de cette pépiniere du plant pour garnir le nombre de planches convenable. 2°. On peut étendre fort clair ce petit plant fur la terre, & l'y laiffer expofé à l'air & au foleil pendant tout l'été.Les feuilles périffent , mais le pied fe conferve & forme une petite bulbe. On ramaffe ce petit Oignon à la fin de l'été , & on le replante en Novembre ou en Mars. Il eft formé vers la fin de Mai , & doit fe confommer avant l'hiver. Ceux qui n'arrofent jamais leur Oignon peuvent remettre en terre en Novembre ou Février toutes les bulbes qui font demeurées fort petites ; elles groffiront & feront bonnes à employer depuis la fin de Mai jufqu'à l'hiver. Mais comme ces petits Oignons ayant mûri en terre montent en graine au printems, il faut avoir soin d'en couper à fleur des dernieres feuilles toutes les tiges à mesure qu'elles paroissent.

L'Oignon rouge, les Oignons pâles, & les Oignons blancs peuvent se cultiver comme il est expliqué dans ces trois articles.

IV. L'Oignon d'Espagne se seme en Février ou Mars, & se consomme presque tout en vert, ne se conservant pas fort avant dans l'hiver.

L'Oignon de Florence se seme depuis Février jusqu'en Juin tous les quinze jours ou tous les mois, & se mouille fréquemment, afin qu'il soit plus tendre.

V. Pour recueillir de bonne graine d'Oignon, il faut à la fin de Novembre ou en Décembre choisir les plus belles bulbes (celles qui commencent alors à pousser, & qui ne pourroient plus se conserver long-tems, y sont fort bonnes, pourvu qu'elles soient saines), les planter à six ou sept pouces de distance & à deux pouces de profondeur, dans un terrein sec & bien exposé. Si le terrein est humide, on ne les plantera qu'à la fin de Février, & à fleur de terre. Ils n'ont besoin que d'être sarclés, & mouillés dans les grandes sécheresses. Lorsque les tiges approchent de leur hauteur, il faut planter des échalas autour de la planche ou le long des rangs, & y attacher une corde ou des gaules pour les foutenir contre les vents & la pluie ; il faut auffi empêcher les têtes de s'appuyer l'une contre l'autre ; car la graine des côtés qui fe touchent pé-rit entiérement. La graine étant mûre, on coupe les têtes, avec un pied ou quinze pouces des tiges, pour les lier enfemble par bottes ; les expofer au foleil pendant quelques jours fur un drap, pour recevoir les graines qui fe détacheront, & qui font les meilleures ; les fufpendre en lieu fec la tête en haut. La graine laiffée dans fes capfules s'y confer-vera bonne à femer pendant trois ou quatre ans ; au lieu que vannée fur le champ, elle ne fe con-ferve que deux ans. La graine d'Oignon eft meil-leure la feconde année que la premiere.

XLIX. OSEILLE.

1. OSEILLE longue, *Acetofa hortenfis longa.* Cette variété d'*Ofeille, Surelle, Vinette,* la plus com-mune dans les Potagers, a une longue racine fibreufe, jaunâtre en-dedans, couverte d'une peau brune. Du collet de la racine il fort un grand nom-bre de tales ou œilletons qui produifent, dans un ordre alterne, des feuilles longues de huit à dix pouces, larges de quatre à cinq pouces, unies par les bords, terminées en pointe fouvent un peu obtufe, larges & échancrées en pointe ou, comme

on dit, à oreilles à leur épanouissement ; d'une
étoffe lisse, tendre & comme grasse ; d'un vert
blond ; portées par des queues longues de deux à
huit pouces, assez grosses, légérement cannelées,
creusées sur leur face intérieure d'un sillon large
& profond, rouges à leur naissance, & sortant
d'une gaîne membraneuse, mince, longue de
douze à quinze lignes, teinte de rouge. Lorsqu'un œilleton monte en graine, du milieu de ses
feuilles il s'éleve à quatre ou cinq pieds de hauteur une tige de quatre à six lignes de diametre,
cannelée finement & peu profondément, garnie
de cinq ou six feuilles alternes, beaucoup moindres que celles du pied, soutenues par des queues
fort courtes qui font corps avec la tige & l'embrassent de leurs gaînes. Les branches qui sortent
de l'aisselle de ces feuilles, & la sommité fort rameuse de la tige portent un très-grand nombre de
petites fleurs disposées en panicules, dont les unes
sont mâles, les autres femelles, composées d'un
calice à six divisions inégales, ou peut-être d'un
calice à trois divisions & de trois pétales ; les mâles portent six étamines ; les femelles ont trois styles sur un embryon qui devient une petite graine
triangulaire, enveloppée d'une capsule feuillée à
trois faces & bordée de rouge. Lorsque les capsules deviennent d'un rouge brun (en Juillet) il

faut couper les tiges, les expofer au foleil pendant quelques jours, pour achever la maturité de la graine. Etant vannée fur le champ, elle n'eft bonne à femer que pendant deux ans; laiffée dans fes capfules, elle fe conferve quatre ans.

Cette Ofeille a deux fous-variétés, dont une ne differe que par le vert plus blond de fesfeuilles; l'autre a la feuille moins grande & d'un vert moins clair.

2. OSEILLE jaune vivace, *Acetofa hortenfis fubrotunda, fterilis.* Les Jardiniers ont donné à cette Ofeille le nom de vivace, parce qu'elle ne fe perpétue que par fes vieux pieds éclatés, & ne donne point de graine; car fa durée n'eft pas plus longue que celle des autres Ofeilles. Sa feuille, d'une forme plus ronde que longue, & d'un vert trèsblond, eft moins grande & d'un goût moins sûr que l'Ofeille longue.

3. OSEILLE ronde, *Acetofa hortenfis rotundi folia, glauca.* Quoique cette Ofeille foit appellée *ronde*, fes feuilles n'ont pas conftamment cette forme, quelquefois elles fe terminent en pointe; les unes font arrondies à leur épanouiffement, les autres font échancrées: mais elle fe diftingue bien par fon vert de mer; par fa racine, qui ne pique point, mais s'étend prefque à fleur de terre; par fa tige baffe & prefque rampante.

4. LA GRANDE OSEILLE, l'Ofeille vierge,
Acetofa

Acetofa hortenfis maxima, *ft. rilis*, eft trop rare dans les Potagers ; ne pouffant que quelques tiges ftériles, & fes feuilles étant longues de plus de quinze pouces fur cinq ou fix de large, elle eft d'un grand produit. Les reproches qu'on lui fait d'être dure, féche & trop douce, à moins qu'elle ne vienne dans un fonds gras & très-humide, me paroiffent outrés, & peut-être peu fordés.

Culture. I. Depuis le commencement de Mai jufqu'en Août, on feme en terre bien labourée & bien ameublie la graine d'Ofeille par rayons peu profonds, en planches ou en bordures. On l'enterre très-peu & on la recouvre de demi-pouce de terreau ou de crotin bien brifé. Le plant n'a befoin que d'être ferfoui & éclairci, s'il eft trop ferré. Il vaut mieux femer de la graine à la volée fur un petit coin de terre, & lorfque le plant eft affez fort, le repiquer à dix ou douze pouces de diftance, fuivant la variété.

II. Les Ofeilles qui ne produifent point de graine, & celles qui en produifent, fe perpétuent par les œilletons ou drageons éclatés des vieux pieds & replantés à dix ou douze pouces.

On commence à couper l'Ofeille fix femaines après qu'elle a été femée ou plantée ; elle dure dix ou douze ans.

Au mois de Décembre il faut couper l'Ofeille

en planches à fleur de terre, couvrir les planches de terreau ou de crotin. Au mois de Février il est bon de jetter de la paille séche sur ses feuilles qui commencent à se montrer, pour les défendre de la gelée. Au mois de Mai & les trois suivants, si l'on n'a pas besoin de graine, il faut couper l'Oseille toutes les fois qu'elle commence à montrer des tiges, afin de lui faire pousser de nouvelles feuilles & l'empêcher de monter.

Pour avoir de l'Oseille verte pendant l'hiver, on peut, vers la fin de Novembre, en planter sur une couche chargée de dix pouces ou un pied de bonne terre, & rechauffée au besoin. On défend le plant de la gelée avec des paillassons, ou mieux des cloches ou chassis auxquels on donne de l'air aussi souvent qu'il est possible. Ou bien dans la saison convenable, on fait des planches d'Oseille, larges de deux pieds seulement : à la mi-Novembre on creuse des deux côtés, suivant leur longueur, des tranchées d'un pied au moins de largeur sur environ deux pieds de profondeur ; on les remplit de fumier neuf, & on renouvelle ces rechaufs tous les quinze jours jusqu'à la mi-Janvier. Pendant les neiges & les gelées, on les couvre de paille ou de fumier sec.

L. P A N A I S.

1. **P**ANAIS long, *Paſtinaca ſativa radice cylin-
dricâ.* Ce Panais, le plus commun dans les Jardins,
eſt une plante biſannuelle quant à la graine ; annuelle quant à la racine, ſa ſeule partie d'uſage
dans la cuiſine. Sa racine fort longue & preſqu'exactement cylindrique, blanche dans l'intérieur &
à l'extérieur, qui eſt raboteux & garni de quelques
petites racines filamenteuſes, pouſſe de ſon collet
des feuilles alternes, liſſes, aîlées, d'un vert clair,
portées par de longues queues, légérement cannelées; les aîles, au nombre de dix ou douze, ſont
oppoſées, découpées ou dentelées profondément,
& terminées par une impaire. Lorſque la plante
monte en graine, il s'éleve du milieu des feuilles,
à trois ou quatre pieds de hauteur, une groſſe tige
creuſe, cannelée, légérement teinte de rouge du
côté du ſoleil, garnie de branches alternes, qui
ſe terminent par une grande ombelle quelquefois
ſans enveloppe, quelquefois enveloppée d'une ou
deux feuilles larges, garnie d'un grand nombre de
rayons qui portent de petites ombelles (ſans enveloppe) de petites fleurs compoſées de cinq pétales
jaunes, égaux, lancéolés, diſpoſés en roſe ; de cinq
étamines ; & de deux piſtils placés ſur l'embryon

d'une graine elliptique, applatie des deux côtés, de couleur cannelle, qui n'eſt bonne à ſemer que pendant un an.

2. PANAIS rond, *Paſtinaca ſativa rotundâ radice napiformi.* La racine ſeule diſtingue ce Panais du précédent. Elle a plus de diametre & moins de longueur, approchant de la forme d'un Navet rond.

Culture. Le Panais ſe ſeme dans les mêmes ſaiſons, & ſe cultive de la même façon que la Carotte. Il ſoutient les plus fortes gelées. Au mois de Mars on arrache un nombre convenable des plus belles racines ; & on les replante auſſi-tôt à quinze ou dix-huit pouces de diſtance, pour donner de la graine vers la fin d'Août.

L I. PERSIL.

1. PERSIL commun, *Apium petroſelinum vulgare.* La racine de cette plante biſannuelle ou triſannuelle eſt blanche, longue de ſix à dix pouces ſur cinq ou ſix lignes de diametre vers la naiſſance des feuilles, garnie de quelques fibres ou petites racines. De ſon collet il ſort des feuilles aſſez nombreuſes, liſſes, luiſantes, d'un beau vert, portées par une queue longue de deux à quatre pouces juſqu'aux premieres aîles. Les folioles, au nombre de deux à ſix, ſont attachées dans un ordre oppoſé

fur une côte nue, qui n'eft qu'une extenfion de la queue, par des pédicules déliés d'autant plus courts qu'ils font plus voifins de l'impaire qui termine la feuille. De ces aîles ou folioles, les premieres font elles-mêmes compofées de trois folioles découpées chacune en trois parties dentelées réguliérement ; les autres & l'impaire font découpées en trois parties dentelées inégalement. La pointe ou onglet de toutes les dents eft blanche & très-aiguë. La queue & la côte de la feuille & de fes aîles font creufées d'un fillon. La tige s'éleve de trois à cinq pieds fu. quatre ou cinq lignes de diametre, cylindrique, liffe, d'un vert clair, un peu creufe en dedans, garnie de feuilles alternes, de l'aiffelle defquelles il fort depuis le pied jufqu'au haut, des branches ramifiées & fous-ramifiées dans le même ordre. La tige, les branches & rameaux fe terminent par des ombelles, dont la plupart ont pour enveloppe deux ou trois petites feuilles fimples ou découpées en lanieres étroites; leurs rayons très-déliés portent de petites ombelles de très-petites fleurs compofées de cinq pétales inégaux d'un jaune foufre, de cinq étamines, & de deux piftils, le tout placé fur l'embryon d'une double graine grife, cannelée, qui eft bonne à femer quatre ou cinq ans. Les petites ombelles ont leur enveloppe particelle de deux ou trois petites feuilles fimples, très-étroites.

2. PERSIL de Macédoine, *Apium petrofelinum folio fupino lanuginofo*. Sa feuille, d'un vert plus clair, dentelée plus finement, découpée plus réguliérement, couverte d'un duvet blanc très-fin, fe renverfe fur terre autour du pied. Ses ombelles font plus grandes; fa graine conique, arrondie d'un côté & applatie de l'autre, eft fans odeur, mais d'une faveur forte.

Le Perfil frifé, *Apium petrofelinum folio crifpo*; le Perfil panaché, *Apium petrofelinum folio ex albido variegato*; le Perfil à groffe racine, *Apium petrofelinum craffâ radice*; le Perfil à grande feuille, *Apium petrofelinum latifolium*; &c. font des variétés du Perfil commun, dont les noms expriment la différence. Le Perfil frifé eft fujet à dégénérer.

Culture. En Mars ou Avril, & même pendant tout le printems & l'été, on feme à la volée, ou mieux en rayons de deux pouces de profondeur en planches ou en bordures, la graine de Perfil, & on la recouvre d'environ demi-pouce au plus de terre ou mieux de terreau. On ferfouit & on mouille le jeune plant jufqu'à ce qu'il foit fortifié; enfuite on l'abandonne, ayant foin de couper fouvent les feuilles, afin qu'il en pouffe de nouvelles & tendres. Pour que la racine groffiffe, il faut au commencement de l'hiver éclaircir le plant, porter dans la ferre celui qu'on arrache, pour le confommer pendant cette faifon. Les racines de cette plante ne craignent point le froid, mais fes feuilles périffent dans les fortes gelées & les neiges, fi elles ne font couvertes de litiere. Si l'on veut en repiquer fur couche à la fin de Novembre, huit ou dix pieds fous chaque cloche, & lui donner de l'air autant que le tems le permet, il fournira jufqu'à ce que celui de pleine terre recommence à donner au commencement de Mars.

Le Perfil frifé & le panaché étant fort tendres à la gelée, fe cultivent peu. Celui à grande feuille n'eft pas plus commun, parce qu'il eft fort fujet à avorter. Le Perfil à groffe racine mérite la préférence fur tous les autres, étant d'un grand produit, & fur-tout par fa racine tendre & fucrée, qui égale prefque la groffeur d'une Carotte. Le Perfil de Macédoine eft rare ; fes feuilles, blanchies fous la litiere, fervent en fourniture de falade : il n'eft pas d'autre ufage.

Le Perfil ne monte en graine que la feconde année : mais fi au mois de Mai on coupe fes tiges lorfqu'elles paroiffent, il continuera à pouffer des feuilles, & ne donnera de graine que la troifieme année. En Août, lorfque la graine eft mûre, on coupe les tiges, on les expofe au foleil fur un drap qui reçoit la graine, dont la plus grande partie tombe à mefure qu'elle mûrit.

LII. PIMPRENELLE.

PETITE PIMPRENELLE, *Pimpinella vulgaris minor.* Cette plante vivace a été transportée des champs dans les Potagers, où elle se cultive pour des fournitures de salade & autres usages. Elle pousse du collet de sa racine, qui est longue, menue, branchue, un grand nombre de feuilles aîlées ou composées de douze à dix-huit folioles, & terminées par une impaire. Ces folioles, dentelées profondément & réguliérement, longues de six à dix lignes & larges d'autant, le plus souvent de forme ovale plus longue que large, sont portées par de fort petites queues quelquefois garnies à leur naissance d'un petit appendice dentelé, & attachées dans un ordre opposé, quelquefois alterne, à une côte ou queue triangulaire creusée d'un sillon sur la face intérieure, fort large à son insertion & accompagnée de deux appendices presque de mêmes forme & grandeur que ses folioles. D'entre ces feuilles, qui se couchent sur terre, il s'éleve à deux ou trois pieds une tige d'environ deux lignes de diametre, cannelée, pleine en dedans, sur laquelle se développent successivement, dans un ordre alterne, des feuilles semblables à celles du pied ; & de leurs aisselles il sort des branches qui se sous-divisent en de moindres rameaux, tous terminés par une épi ou tête ronde ou ovale qui contient de huit à trente fleurs, les unes mâles, les autres femelles, quelques-unes hermaphrodites, composées de quatre pétales terminés en pointe & bordés de rouge vif, ou peut-être d'un calice à cinq divisions ; de cinq à vingt étamines assez longues ; de deux styles terminés par des houpes de filets d'un beau rouge, le tout attaché sur un gros embryon quadrangulaire rustiqué, un peu pointu par les bouts, qui sans changer de forme devient une capsule séche assez dure, contenant deux petites semences. Les fleurs femelles n'ont point d'étamines; les fleurs hermaphrodites n'en ont ordinairement que cinq; les fleurs mâles n'ont point de pistil, & leur embryon demeure stérile. La plupart des petits épis ne contiennent que des fleurs femelles.

On ne cultive point la grande Pimprenelle dans les Potagers. Elle ne differe de la petite que par la forme beaucoup plus alongée de ses feuilles.

Culture. La Pimprenelle peut se multiplier par les vieux pieds éclatés & repiqués à huit ou dix pouces de distance en planches ou en bordures ; mais plus communément on en seme la graine au printems ou mieux en automne ; on éclaircit le plant, on coupe souvent les feuilles , afin d'en faire pousser de nouvelles , qui plus elles sont jeunes, plus elles sont tendres. Pour en recueillir de la graine, il faut au printems ne point tondre le nombre des pieds qu'on y destine ; ils monteront & la graine mûrira en Juin. Elle se conserve deux ou trois ans.

LIII. POIREAU.

1. POIREAU long, *Porrum sativum longum.* La racine du Poireau est un grouppe de filets blancs & fort nombreux. De son collet il sort dans un ordre alterne des feuilles, dont les gaînes membraneuses, fermées ou tubulées, se recouvrant l'une l'autre & se serrant étroitement par l'action des intérieures qui forcent les extérieures à se dilater, forment un corps compact, droit, cylindrique, long de quinze à dix-huit pouces sur un diametre de huit à quinze lignes, dont environ les deux tiers cachés en terre sont blancs & tendres, & l'autre tiers qui est hors de terre est vert. Ses feuilles sont fort longues , étroites, lisses, unies par les bords, pliées en gouttiere, d'une étoffe ferme & assez épaisse , diminuant de largeur vers leur extrémité & se terminant en pointe, se recourbant en dehors & faisan

un arc qui en approche la pointe de la terre, d'un
vert lavé de bleu.

2. POIREAU court, *Porrum sativum brevius*. Le
corps membraneux de cette variété est beaucoup
moins long que celui de la précédente, & par
conséquent d'un moindre produit, mais il résiste
mieux aux fortes gelées.

Culture. Le Poireau se seme en Mars, comme
l'Oignon, & le jeune plant demande les mêmes façons jusqu'à ce qu'il ait environ trois lignes de diametre (vers la fin de Juin.) Alors il faut labourer
& dresser des planches; y tracer des rangs ou lignes
à six pouces l'un de l'autre; faire suivant ces rangs
des trous avec la cheville, profonds de six pouces,
& éloignés de quatre pouces; arracher le plant,
& sans couper ni feuilles ni racines, en mettre un
pied dans chaque trou, sans plomber ni rapprocher la terre avec le plantoir; mais donner aussi-
tôt une mouillure abondante qui entraîne dans les
trous autant de terre qu'il en faut. Pendant l'été
arroser fréquemment, & couper deux ou trois fois
les feuilles, afin d'en faire pousser de nouvelles,
& par-là faire grossir le pied : car ce pied n'étant
composé que des gaînes des feuilles, plus elles se
multiplient, plus il acquiert de volume. Vers la
fin de Décembre on arrache le Poireau long, on
l'enterre jusqu'aux feuilles l'un à côté de l'autre

dans de petites tranchées, & on le couvre de litiere dans les grands froids & les neiges ; il s'y conferve jufqu'en Mai.

Au mois de Mars on choifit le nombre convenable des plus beaux pieds de Poireau long dans les tranchées,& de Poireau court dans les planches où il a paffé l'hiver ; on les replante à huit ou dix pouces de diftance. En Mai chaque pied commence à pouffer une feule tige qui s'éleve de trois à cinq pieds, cylindrique, liffe, remplie d'une moëlle ou fubftance fpongieufe, recouverte jufque vers le quart de fa hauteur par les gaînes des feuilles intérieures, groffe de huit à dix lignes par le bas, beaucoup plus menue à l'autre extrémité,qui eft terminée par une tête conique, dont l'enveloppe membraneufe eft furmontée d'une longue pointe. Cette fpate fe rompant (elle fe déffeche & tombe peu après,) il fe développe une ombelle fphérique d'un très-grand nombre de fleurs portées chacune par un pédicule délié, long de dix-huit à vingt-quatre lignes. La fleur eft compofée de fix petits pétales pointus & marqués d'une ligne pourpre, fuivant leur longueur (c'eft felon d'autres un calice à fix divifions;) de fix étamines, dont la bafe, fort large, eft découpée en trois pointes, dont celle du milieu fe prolonge en filet terminé par un fommet : ces fix bafes, par leur grandeur, leur

forme & leur difpofition repréfentent une fleur
en lys comme celle du Muguet , dont les étamines
feroient attachées à l'extrémité des pétales. Elles
ferrent un gros embryon triangulaire , furmonté
d'un ftyle fans ftygmate. Toutes les parties des
fleurs, & même leur pédicule , font légérement
lavées de couleur purpurine. L'embryon devient
une capfule féche à trois loges qui renferment des
graines femblables à celles de l'Oignon ; mais plus
groffes. Lorfque les capfules commencent à s'ouvrir , figne de la maturité des graines , on coupe
les têtes , & on les foigne comme nous avons dit
à l'article de l'Oignon.

LIV. P O I R É E.

1. La Poirée ou Bette , *Beta vulgaris* , eft une
plante annuelle pour l'ufage , bifannuelle pour la
graine. Sa racine eft longue, cylindrique, ligneufe,
affez groffe. De fon collet il fort un grand nombre
de feuilles liffes , fucculentes , longues de fix à
douze pouces , fur quatre à neuf pouces de largeur
vers la queue , terminées en pointe obtufe , d'un
vert quelquefois blond , foutenues par des queues
blanches , longues de quatre à dix pouces , larges ,
concaves en dedans , convexes & cannelées ou
relevées d'arrêtes faillantes en dehors. Sa tige .

qu’elle ne fait que la feconde année, fes fleurs & fes graines font les mêmes que celles de la Betterave, mais fes graines fe confervent bien plus long-tems (huit ou dix ans) bonnes à femer.

2. POIRÉE à Cardes, *Beta pediculus edulibus.* Cette variété fe diftingue par le vert de fes feuilles qui eft très-blond, & par la largeur & l’épaiffeur de leurs queues & de leurs côtes. Elle eft fort fenfible aux fortes gelées. Mais elle a une fous-variété qui fupporte mieux les rigueurs de l’hiver; elle eft un peu moins tendre, & d’un vert moins clair.

Culture. Depuis le mois de Mars jufqu’en Août, on peut femer la graine de Poirée en bordures, en planches, par rayons diftans de huit pouces, ou à la volée à demeure, ou pour repiquer. On la ferfouit, on la mouille au befoin, on la coupe fouvent pour lui faire pouffer de jeunes feuilles qui font plus tendres. Plufieurs Jardiniers ne fement que de la Poirée à Cardes, dont les feuilles fervent aux mêmes ufages que celles de la Poirée commune, & même font meilleures. Ils fement la Blonde en Mars ou Avril, pour fervir jufqu’aux gelées; la demi-Verte à la fin de Juin, pour être repiquée en Août à huit pouces de diftance en tout fens; elle paffe l’hiver & fe confomme en Mai. Il y a des terreins où la Blonde foutient bien les gelées,

en la couvrant d'un peu de litiere féche ; dans
d'autres la demi-Verte même a befoin d'être
couverte exactement.

L V. P o i s.

Le Pois eſt une plante annuelle , ou de quelques
mois , qui pouſſe une feule tige , longue de ſix
pouces juſqu'à ſept ou huit pieds , ſuivant l'eſpece,
très légérement cannelée , cylindrique , creuſe ,
foible , garnie de feuilles alternes , aîlées , ou
compoſées de deux ou ſix folioles inégales , preſqu'ovales , attachées , dans un ordre oppoſé , ſur un
pédicule commun , terminé par une vrille quelquefois ſimple , le plus ſouvent ramifiée en filaments
au nombre de deux à neuf. A l'inſertion du pédicule , deux ſtipules , beaucoup plus grandes que
les folioles , crénelées à leur baſe , ſont articulées
ſur la tige , & un peu ſur le pédicule dont elles
couvrent l'inſertion , de ſorte qu'il paroît placé
derriere. De l'aiſſelle des feuilles & au-deſſus des
ſtipules il ſort un œil ou bouton qui , ſuivant la
culture & l'eſpece de Pois , demeure fermé , ou
produit une branche , ou un bouquet de deux à ſix
fleurs papillionacées , quelquefois une feule. La
fleur eſt compoſée d'un calice tubulé d'une feule
piece à cinq découpures , terminées en pointe ,

dont les deux fupérieures font plus larges qu
trois autres ; de quatre pétales blancs ou rou
fuivant la variété, dont le fupérieur ou éten
eft large & taillé en cœur, les deux latéraux
aîles font arrondis par l'extrémité, plus cour
plus étroits que l'étendart, l'inférieur ou la ca
eft applati & courbé en croiffant, plus court
les aîles ; de dix étamines réunies par la bafe
attachées à une membrane fort mince qui en
loppe & couvre prefqu'entiérement l'embryc
d'un ftyle triangulaire creufé d'un fillon en deffus
& recourbé, attaché à un embryon long & plat,
qui devient une coffe plus ou moins longue, fuivant la variété, terminée par le ftyle recourbé,
bivalve, uniloculaire, contenant de quatre à quatorze graines ou Poids ronds, ou prefque cubi-
ques, de couleur, groffeur, &c. fuivant la variété, qui font bons à femer pendant deux ans.

1. POIS commun, *Pifum hortenfe vulgatius,*
grano fubrufo compreffo. Ce Pois, le plus communément cultivé dans les Jardins & dans les champs,
eft de couleur roufsâtre, de moyenne groffeur, un
peu applati fur les côtés par la compreffion des
grains qui font fort ferrés dans la coffe. Il fe feme,
dans une bonne terre neuve, depuis le mois de
Décembre, pour rapporter à la fin de Mai ; jufqu'à
la fin de Mars, pour rapporter à la fin de Juin ;

on

en peut le femer plus tard (jufqu'au 15 Août). Il eft bon & tendre en vert, pourvu qu'il foit cueilli avant que les pétales de fa fleur defféchée foient détachés du calice. Il ne doit pas être femé trop clair, car il ne pouffe qu'une tige.

2. Pois Michaux, *Pifum hortenfe præcox, pauco grano albo, rotundo.* La précocité eft le principal mérite de ce Pois affez gros, blanc, rond fort tendre & fucré en vert ; mais difficile fur le terrein, ne réuffiffant bien que dans les terres chaudes, douces ou fablonneufes, & périffant ou n'étant pas précoce dans les terres froides & humides. D'ailleurs il eft de peu de rapport, parce qu'on l'arrête aux premieres fleurs pour l'avancer ; que fes fleurs font plus fouvent folitaires que par bouquets, & que fes coffes font médiocrement garnies de grains. Cependant il eft le plus cultivé pour la primeur ; & comme il a l'avantage de réuffir en toutes faifons, & d'être en rapport fix femaines après qu'il a été femé, au printems ou en été, plufieurs particuliers ne cultivent que ce Pois pendant toute l'année. Dans l'été il faut fouvent le mouiller le matir.

Le Pois *Michaux d'Hollande* lui eft préférable. Il eft d'un grand rapport, & de très-bonne qualité, plus hâtif d'environ quinze jours ; moins haut & par conféquent plus propre pour les chaffis. Il n'a befoin d'être ni étêté, ni arrêté.

3. POIS Dominé, *Pifum hortenfe præcox , albo grano fubrotundo*. Le Dominé eft de meilleur rapport que le Michaux. Son grain eft blanc , auffi gros, moins rond , & d'auffi bonne qualité. Il eft moins difficile fur le terrein , & fupporte mieux les tems rudes ; mais il eft moins précoce de huit ou dix jours, dans les terreins qui conviennent au Michaux. On en feme rarement au-delà du printems.

4. POIS Baron , *Pifum hortenfe præcox , filiquâ & grano parvis*. Le feul mérite du Pois Baron confifte dans fa précocité & fon produit abondant , fes fleurs étant nombreufes & peu fujettes à couler : mais fes coffes font fort petites ; & fon grain joint à la petiteffe le défaut de fucre & de qualité. Il eft prefqu'auffi précoce que le Dominé.

5. LE POIS Suiffe, *Pifum hortenfe filiquâ longâ , grano rotundo è flavo fubviridi* , plus connu fous le nom de *groffe Coffe hâtive* ; parce qu'en effet fes coffes font groffes, longues , nombreufes, bien garnies de grain rond, de groffeur médiocre, de couleur jaune tirant fur le vert, eft un des plus féconds lorfqu'il eft cultivé en bonne terre. Il fe feme dès Décembre pour rapporter le premier en plein champ ; & à la fin de Juin , pour fournir dans l'arriere-faifon. Il n'eft bon qu'en vert, & fe feme dru, parce que fa tige eft unique & ne fe fepe point.

6. POIS à la longue coffe , *Pifum hortenfe longif-*

fimâ filiquâ, plurimo grano albo rotundo. Il n'y a aucun Pois d'un auffi grand produit que celui-ci, fur-tout dans les terres de médiocre qualité, où il pouffe moins en tige & plus en fleurs que dans les bonnes terres. Comme il réuffit le mieux pour l'arriere-faifon, on ne commence à le femer qu'à la mi-Avril, & on continue jufqu'en Juillet. Sa coffe eft très-longue & contient jufqu'à quatorze grains de groffeur médiocre, ronds, d'un blanc clair. Il fe met promptement & abondamment à fruit; il fe feme clair, parce qu'il fepe & fait plu-fieurs tiges.

7. Pois carré blanc, *Pifum hortenfe majore grano tubico albo.* On feme ce Pois depuis la fin de Mars jufqu'à la fin de Mai dans une terre de qualité mé-diocre; il s'éleve fort haut, & par conféquent a befoin de rames, produit peu, eft lent à fe mettre à fruit (fouvent plus de trois mois), & n'eft d'ufage qu'en vert; mais il eft le plus gros, le plus tendre, le plus fucré de tous. Il a tiré fon nom de fa couleur blanche & de fa forme applatie fur qua-tre faces & prefque cubique. C'eft de ce Pois qu'on fait fécher les grains verts bien tendres pour l'hiver. Dans une bonne terre graffe la plante de-vient trop forte & très-peu féconde.

8. Pois carré vert, *Pifum hortenfe majore grano cubico viridi.* La couleur verte eft le feul caractere

qui le diſtingue du carré blanc. Il ſe ſeme dans les même tems & veut le même terrein ; les terres graſſes & fortes lui ſont encore plus contraires , le peu de grain qu'il y produit étant quelquefois ſi dur qu'il ne peut ſe cuire. En vert il eſt bien inférieur au carré blanc ; mais en ſec il eſt d'un grand uſage pour les purées. Il ne faut les renfermer que lorſqu'il eſt bien mûr & bien ſec. Le carré blānc & le vert ſe ſement clair , parce que chaque pied donne pluſieurs tiges.

9. Pois Normand , *Piſum hortenſe majore grano cubico è viridi albicante.* Ce pois , qui eſt de mêmes forme & groſſeur que les deux précédens , en réunit les qualités comme les couleurs. Il eſt ſort gros, carré , d'un vert blanchâtre ; médiocrement fécond ; ſe ſeme en bonne terre depuis la fin de Mars juſques vers la fin de Juin ; en vert il eſt tendre , moëlleux , peu inférieur au carré blanc ; ayant la peau très-fine , il rend plus de purée que le carré vert , & lui eſt préférable. Il ne fait qu'une tige.

10. Pois vert d'Angleterre , *Piſum hortenſe majore grano ſubovato è viridi albicante.* Ce Pois ſe ſeme en toutes ſaiſons , s'éleve à une aſſez grande hauteur , depuis le pied juſqu'à l'extrémité produit des fleurs qui coulent très-rarement , & ſont ſuivies de groſſes coſſes bien garnies de très-gros grains d'un vert tirant ſur le blanc , d'une forme

un peu alongée & prefqu'ovale, très-bons en vert
& en purée. Le grand produit de ce Pois, joint
à toutes ces qualités, lui mérite la préférence fur
beaucoup d'autres.

11. POIS carré à cul noir, Cul noir carré, *Pifum hortenfe grano cubico viridi, umbilico nigro*.
Ce Pois tire fon nom de la couleur noire de fon
ombilic. Il eft de forme carrée, de couleur verte,
& bon tant en vert qu'en purée. Il a une variété
ronde, de couleur roufsâtre, *Pifum hortenfe grano
rotundo fubrufo, umbilico nigro*. CUL-NOIR rond,
qui n'eft bonne qu'en vert. L'un & l'autre ne fe
fement que depuis la mi-Avril, jufqu'au commencement de Juin, affez dru, parce qu'ils ne
font qu'une feule tige.

12. POIS de Clamart, *Pifum hortenfe plurimo
grano parvo compreffo*. Je ne peux omettre ce Pois,
qui acquiert une hauteur médiocre. Il n'eft pas
feulement eftimable parce qu'il eft tendre, fucré
& excellent; mais parce qu'il eft de grand produit.
Ses coffes contiennent jufqu'à dix ou douze grains,
fi ferrés les uns contre les autres qu'ils font appla-
tis; ce qui leur donne quelque reffemblance avec
les pois carrés; ils font petits, les uns d'un blanc
un peu roux, les autres tirant fur le vert.

13. POIS fans parchemin, *Pifum hortenfe filiquâ
eduli*. Le caractere propre du Pois fans parchemin

est d'avoir la cosse tendre, sucrée & comestible.
On en distingue plusieurs variétés qui diffèrent par
la hauteur de la plante, par la grandeur de la cosse,
par la couleur de la fleur, par la grosseur, la forme, la couleur du grain. L'une s'éleve à peine à
dix-huit pouces, une autre à huit ou neuf pieds ;
les cosses de l'une sont petites, celles d'une autre
ont quatre ou cinq pouces de longueur sur quinze
ou seize lignes de largeur ; celle-ci charge peu,
celle-là charge beaucoup ; la plupart ont le grain
rond & blanc, dans quelques-unes il est applati
ou d'autre couleur, &c. Toutes veulent être semées clair, par rayons distans de quinze à dix-
huit pouces l'un de l'autre, mouillées fréquemment pour attendrir la cosse. Elles ne se sement que
depuis le mois de Mars jusqu'à la fin de Mai ; &
dans ces trois mois il faut en semer tous les quinze
jours, parce que leur fleur étant très-sensible au
tonnerre, si une planche est ruinée, une autre la
remplace. On les mange avec leur cosse : le grain
parvenu à une grosseur convenable, est excellent
en vert ; en sec les variétés à grain blanc sont très-
bonnes pour les purées.

Des autres variétés de Pois, qui sont très-nombreuses, les unes sont dégénérées & inférieures à
celles qui sont décrites ci-devant ; les autres sont
propres à certaines Provinces ou à certains Cantons;

quelques-unes ne font que de fantaifie ou de très médiocre utilité pour la table. Tels font le Pois jaune, dont la tige, les feuilles, les coffes, le grain font d’un jaune très-blond ; le grand Pois à bouquet ; le Pois nain de Provence, qui eft d’un grand produit, & dont le grain eft fort gros & moëlleux, mais peu tendre & peu fucré dans notre climat, & y dégénérant dès la feconde année ; le Pois à couronne, le Pois Chiche, les Lupins, &c.

Culture. I. Les Pois veulent une terre neuve, ou du moins qu’ils n’aient pas occupée depuis fix ou fept ans. En vain on remonte les terres avec des fumiers, cette plante n’y réuffit point plufieurs années de fuite. Mais fi au lieu de fumier on rapporte des terres neuves, & qu’on les mêle bien en labourant, on peut remettre des Pois plus fouvent dans le même terrein. Les Pois, dont les tiges font groffes, fortes & fort hautes, viennent mieux & rapportent davantage dans les terres médiocres, que dans les bonnes terres ; quelques-uns au contraire veulent des terres de la meilleure qualité, & d’autres des terres moyennes. Mais aucuns ne s’accommodent des terreins nouvellement fumés.

Les Pois dans les Jardins fe fement par planches de quatre rayons chacune ; les rayons, diftans l’un de l’autre d’environ un pied, doivent avoir deux ou trois pouces de profondeur ; les Pois y étant femés à quatre ou cinq pouces l'un de l'autre, plus ou moins fuivant la variété, on les marche, & on les recouvre au rateau. Dans les terres fortes on ne les marche point. Lorfque le plant eft haut de cinq ou fix pouces, on le farcle, on le ferfouit, on le rechauffe par un beau tems; & quelques jours après on fiche les rames plus ou moins longues fuivant la variété de Pois, les inclinant un peu vers le dedans de la planche. Au lieu de femer plufieurs planches de Pois l'une à côté de l'autre, fi l'on feme alternativement une planche de pois & une de quelques légumes bas, les Pois ayant plus d'air s'étioleront moins, fleuriront dès le bas de la tige, & par conféquent produiront davantage. Cette attention eft importante pour les variétés qui s'élevent fort haut, & qu'il eft plus néceffaire de ramer que les autres; quoique toutes exigent des rames, fi l'on veut qu'elles foient d'un grand produit. On feme des Poids en pleine terre jufques vers la mi-Août.

Des planches qu'on deftine pour graines, il faut arracher tous les pieds dégénérés; ils font plus gros & plus vigoureux, & leurs fleurs naiffent plus loin du pied, & en petit nombre. Dès que les coffes jauniffent, on arrache les Pois; on les expofe au foleil en lieu à couvert des animaux qui en font le dégat; ils y achevent de mûrir & de fécher en

plus ou moins de tems suivant la variété ; on les
bat, ou mieux on les écosse, & on les enferme.

II. Pour avoir des Pois au commencement de
Mai, il faut au commencement de Décembre dans
les terres légeres, douces, sablonneufes ; & dès la
mi-Novembre dans les terres franches (dans les
terreins froids & humides, il n'y a ni précocité ni
fuccès à efpérer) femer fur des plate-bandes d'efpaliers au Midi ou au Levant des Poix Michaux
par touffes de fept ou huit pois, diftantes d'un
pied l'une de l'autre, ou mieux affez épais par
rayons ; les marcher en terre légere, & en terre
franche fi elle n'eft pas trop humide ; les recouvrir ; & , fi on le peut, répandre par-deffus un
peu de crotin, de fiente de pigeon, de terreau
gras, ou de vieilles boues bien mûries des rues &
chemins fréquentés ou des voiries. Lorfqu'ils font
bien levés, il eft bon de les rechauffer encore d'environ un pouce de quelqu'une de ces matieres.

Depuis la fin de Décembre jufqu'à la mi-Février
défendre le plant des fortes gelées, en le couvrant
de paillaffons, de litiere, ou autres matieres foutenues fur des perches attachées horifontalement
à la hauteur du plant ; retirer ces couvertures
toutes les fois que le tems le permet, & les remettre au befoin. Un trop long féjour fous les couvertures feroit jaunir & fondre le plant. Il y a des

années où il résiste bien à l’hiver sans ce secours ; d’autres où avec toutes les couvertures on a bien de la peine à le conserver : les terreins y entrent aussi pour beaucoup.

Après la mi-Février retiter les couvertures ; serfouir & rechauffer le plant ; le ramer lorsqu’il sera haut de six à sept pouces ; en Mars & Avril le mouiller, si le hâle & la sécheresse rendent les arrosemens nécessaires. Enfin ceux qui préférent une récole moins abondante, mais plus hâtive à une plus tardive, mais plus abondante, arrêtent les Pois à la deuxieme ou troisieme fleur.

Au lieu de semer les Pois hâtifs sur des plate-bandes d’espaliers, on peut les semer sur des planches de terre dressées en talus incliné au Midi, & défendues du Nord par un abri de paille de quatre ou cinq pieds de hauteur, la longueur ordinaire de la paille de seigle.

III. Par les deux méthodes suivantes on peut se procurer des Pois encore plus hâtifs. 1°. Au commencement de Novembre semez dans des paniers, de dix à douze pouces de diametre sur sept à huit pouces de hauteur, remplis de bonne terre neuve, meuble ou ameublie avec du terreau, une vingtaine de grains dans chaque. Placez-les contre un mur au Midi ou autre abri jusqu’aux fortes gelées. Portez-les alors dans une serre où la gelée ne

pénetre pas , & que l'on puisse ouvrir toutes les
fois que l'air le permet. Sortez-les lorsque le tems
est doux ; rentrez-les aussi-tôt qu'il devient trop
froid. A la mi-Février faites des couches fourdes
(si le terrein le permet) , mettant d'abord un pied
de fumier bien marché , ensuite cinq ou six pouces de tan , puis un pied de fumier , enfin deux ou
trois pouces de tan ; le grand feu étant passé ,
rangez sur les couches , à cinq ou six pouces de
distance l'un de l'autre , tous les paniers , & gar-
nissez tous les vuides de terreau jusqu'au niveau
de la superficie des paniers. Faites sur les couches
un treillage de grands cerceaux & de menues perches pour soutenir des paillassons ou autres couvertures , que les gelées pourront encore rendre
d'autant plus nécessaires que les Pois feront des
progrès rapides , entreront bientôt en fleur , &
donneront du fruit un mois plutôt que ceux des
espaliers. [Des feuilles d'arbres , ou mieux de la
bruyere hâchée , soutiendront la chaleur des couches moins long-tems que le tan , mais plus lon-
tems que les fumiers seuls].

Ceux qui veulent prolonger la jouissance des
Pois jusque dans l'arriere saison , peuvent semer
du Pois Michaux à la fin d'Août dans des paniers ,
comme il vient d'être expliqué ; les ranger contre
un mur au Midi ; mouiller souvent le plant ; le

ramer, &c. Lorsque la saison devient trop rude, transporter les paniers devant une serre ; les y enfermer pendant les gelées ; les en tirer & les mettre à l'air dans les tems doux. Avec ces soins & des arrosemens fréquens on recueillera pendant Novembre & Décembre.

2°. Au commencement de Novembre remplissez de bonne terre neuve des pots à quarantaine ; semez dans chacun sept ou huit grains de Michaux ; enterrez les pots dans un espalier au Midi à dix ou douze pouces l'un de l'autre ; rechauffez le plant ; défendez-le des gelées, &c. comme s'il étoit en pleine terre. Vers la mi-Février dressez des couches avec leurs rechaufs ; couvrez-les de nœuf ou dix pouces de bonne terre neuve & meuble ; posez dessus des chassis vitrés, dont la caisse soit fort haute, ou que vous éleverez à mesure que le plant s'alongera. La grande chaleur des couches étant passée, plantez-y vos Pois en motte bien entiere. Rechauffez le plant ; donnez-lui de l'air toutes les fois qu'il n'y a point de danger ; jettez des paillassons sur les vitrages pendant les nuits & les tems rudes, & pendant les rayons du soleil trop vifs ; arrosez sobrement ; mais lorsque la fleur commence à paroître, mouillez plus fréquemment & continuez jusqu'à la fin de la récolte.

L V I. P O I V R E - L O N G.

Poivre-long, Poivre d'Inde, Poivre de Gui-
née, Corail rouge , Piment, *Capficum annum.*
Lin. Cette plante , annuelle, exotique, eft deve-
nue commune dans nos Jardins. Elle fe feme fur
couche en Mars, ou plus tard en pleine terre : fe
replante en Mai en planche ou en pots. Une bonne
terre un peu humide & un peu ombragée lui convient. Elle éleve à un pied ou un pied & demi
une tige herbacée, verte, noueufe , garnie de
branches alternes. Les fueilles difpofées dans le
même ordre, font fimples, entieres, oblongues ,
terminées en pointe , liffes , luifantes, d'un beau
vert , portées par de longues queues. Les fleurs
folitaires , quelquefois par petits bouquets, fortent des branches hors des aifelles des feuilles ,
fouvent à leur oppofé ; elles font compofées d'un
calife en tube court à cinq divifions, porté par un
long pédicule ; d'un feul pétale tubulé, découpé
en cinq parties aiguës, de couleur blanche ; de
cinq étamines fort courtes, & d'un ftyle placé
fur un embryon qui devient une baie d'un rouge
vif & brillant, approchant de celui du corail,
vuide & fans chair ni pulpe, divifée en deux loges qui renferment dès graines de moyenne groffeur, rouffes, applaties, prefque rondes. Cette

baie eft ronde, d'environ deux pouces de diametre, ou large & arrondie du côté de la queue, &
terminée en pointe, ou fort alongée en forme de
cornet, & d'un diametre beaucoup moindre.
Ces trois formes différentes font trois variétés qui
n'ont que ce caractere diftinctif.

LVII. POMME DE TERRE.

LA POMME DE TERRE, Truffle, Morelle-Truffle,
Solanum Tuberofum, LIN., eft une plante originaire de Virginie & depuis long-tems naturalifée
en Europe. Elle pouffe un grand nombre de longues racines blanches grêle, garnies de chevelu,
defquelles il naît des bulbes ou tubercules vulgai-
rement & improprement nommées *Pommes*, attachées dans un ordre alterne aux racines par une
petite queue, dont la bafe eft placée entre deux
petites racines garnies de chevelu: Comme il s'en
forme depuis le mois de Mai jufqu'en Novembre,
il s'en trouve alors depuis la groffeur d'un pois,
jufqu'à trois ou quatre pouces de longueur fur un
diametre plus ou moins grand. (Car cette plante
a plufieurs variétés qui ne font diftinguées que
par la forme & la couleur des tubercules, oblongs,
pyriformes, irréguliers, jaunes, blancs, rou-
geâtres, & par leur groffeur; depuis quinze

lignes jufqu'à trois pouces). Ces tubercules , qui font la feule partie de ce *folanum* utile pour la vie, font garnis d'yeux ou boutons enfoncés , propres à propager la plante. Elle éleve à deux ou deux pieds & demi une ou plufieurs tiges ligneufes, à trois faces ou triangulaires , vertes du côté de l'ombre , teintes de rougeâtre trifte du côté du fo-leil , coudées à chaque nœud , & portant dans un ordre alterne , fur les trois faces de la tige , des feuilles conjuguées , ou ailées par interruption , compofées de fix à dix folioles oppofées , de gran-deur inégale , & terminées par une impaire. Ces folioles, longues de dix à trente lignes & larges de fix à dix-huit lignes , font arrondie à leur épanouiffement & terminées en pointe , por-tées par un pédicule long d'une à quatre lignes. Sur la côte de la feuille dans les efpaces compris entre les folioles il naît dans le même ordre & la même difpofition , mais ordinairement en plus grand nombre que les folioles , des appendices ou très-petites folioles , dont quelques-unes ont à peine une ligne de longueur, les autres appro-chent de la grandeur des moindres folioles. De l'aiffelle des feuilles , dont la longueur totale eft de fix à dix pouces, il fort des branches garnies de feuilles femblables , moins grandes ; & de l'aiffelle des dernieres feuilles de ces branches il naît des bouquets de six à douze fleurs , composées d'un calice à cinq divisions , longues , étroites , pointues ; d'un pétale gris de lin , pentagone , qui , faisant un pli au milieu de chacun de ses côtés , semble découpé en cinq parties égales , terminées par une petite pointe , teint d'un vert fort clair au centre qui forme une étoile à cinq rayons, de cinq étamines, dont les sommets jaunes , longs, attachés presqu'immédiatement & sans filets au centre du pétale , se réunissent & serrent un style terminé par un petit stygmate vert & porté sur un embryon qui devient une baie ronde , de dix à douze lignes de diametre , verte d'abord, jaune à sa maturité , charnue , remplie d'un grand nombre de petites graines.

Culture. Au mois de Mars ou au commencement d'Avril faites à dix-huit pouces l'une de l'autre des tranchées profondes de huit ou dix pouces, & élevez les terres en ados entre les tranchées. Dans le fond de ces tranchées plantez à quinze ou dix-huit pouces de distance & trois ou quatre pouces de profondeur un ou deux petits tubercules , ou un morceau des gros garni d'un ou deux bons yeux. (L'expérience me fait préférer de planter entiers les plus gros tubercules, qui produisent plus promptement un plus grand nombre de belles bulbes). En Juin ou Juillet , lorsque les tiges se sont élevées d'environ un pied , rechauffez-les avec la terre des ados , de forte que les tubercules fe trouvent à un pied au moins de profondeur. Cette opération fe peut faire en deux fois. Au commencement de Novembre arrachez toutes les plantes, en tirant avec la tige fi le terrein eft fec & fablonneux , & en foulevant le pied avec une fourche fi la terre eft forte ou humide. Détachez des racines tous les tubercules, laiffez-les un peu reffuyer à l'air , en fuite renfermez-les dans une ferre qui ne foit ni chaude ni humide, mais feulement impénétrable à la gelée. Les gros fe confommeront, les petits ferviront à faire une nouvelle plantation au printems fuivant, fi l'on n'aime mieux la faire avec des gros ; car cette plante élevée de graine ne produiroit de gros tubercules que la feconde année. Si l'on veut en conferver au-delà du mois d'Avril & jufqu'aux nouvelles, il faut au printems , lorfque les yeux commencent à groffir & à fe développer, les tirer de la ferre , les tranfporter dans un grenier, & les y étendre.

LVIII. Pourpier.

1. Pourpier vert, *Portulaca fativa viridis*. Le Pourpier n'a qu'une longue racine garnie de chevelu très-délié. Il éleve à un pied ou quinze pouces

une feule tige cylindrique, qui parvient à quatre
ou cinq lignes de diametre, d'un vert clair du côté
de l'ombre, rougeâtre de l'autre côté, pleine, de
confiftance tendre ou caffante, droite lorfque le
plant eft ferré, rampante lorfqu'il eft à l'aife, garnie de feuilles dans un ordre oppofé, pointues &
étroites du côté de la queue, qui eft fort courte,
arrondies à l'autre extrémité, & large de douze à
quinze lignes fur une longueur totale de dix-huit
ou vingt lignes, épaiffes, comme graffes & charnues, d'un vert foncé en dedans, prefque blanches
en dehors. De l'aiffelle de ces feuilles il fort des
branches dont les plus grandes fe divifent en petits
rameaux. Toutes ces tiges, branches & leurs rameaux portent de petites feuilles de même forme
& dans le même ordre, & fe terminent par quatre
ou cinq feuilles d'entre lefquelles il fort un ou
plufieurs grouppes de deux à fix fleurs fans pédicules, attachées immédiatement aux fommités des
branches, & compofées d'un calice à trois divifions
(fouvent il n'eft qu'à deux & reffemble à une capfule bivalve); de cinq pétales jaunes fendus en
deux par leur extrémité; de douze à vingt étamines; & d'un ftyle qui porte jufqu'à fix ftigmates;
le tout foutenu fur un embryon qui devient une
capfule bivalve remplie de fort petites graines
noires & rondes.

2. Pourpier doré, *Portulaca sativa flava*. Cette variété ne diffère de la précédente que par la couleur de ses feuilles & de ses tiges qui sont d'un vert fort jaune.

Culture. Depuis le mois de Janvier jusqu'à la fin d'Avril on seme sur couche assez dru de la graine de Pourpier vert sans l'enterrer ; il suffit de la presser un peu avec la main sur la terre ou le terreau pour l'y attacher. Il faut laisser jouir le plant de l'air & du soleil toutes les fois qu'il est possible sans danger, & le préserver du froid, auquel il est très-sensible. On le coupe & on le consomme en petites salades dès qu'il a deux ou trois feuilles formées.

Depuis la mi-Mai jusqu'à l'automne on peut semer du Pourpier vert, & mieux du Pourpier doré, qui est plus tendre & plus estimé, en pleine terre meuble ou ameublie avec du sable ou du terreau fin ou des cendres chariées, & bien unie & hersée au rateau. On seme la graine fort clair à la volée, on répand dessus un peu de terreau ou de sable, ou on passe très-légérement le rateau pour l'enterrer un peu ; on la mouille tous les jours jusqu'à ce qu'elle soit levée, & on arrose fréquemment le plant en plein midi, pour l'entretenir tendre.

Aussi-tôt que les premieres capsules commencent à s'ouvrir, il faut arracher les pieds, les exposer

au foleil fur un drap pendant quelques jours, les
remuant de tems en tems ; enfuite détacher la
graine & l'enfermer féchement. Elle fe conferve
bonne à femer pendant neuf ou dix ans. Il vaut
mieux jetter les pieds de Pourpier dans un vieux
tonneau ou baquet, les fouler & les y laiffer jufqu'à ce qu'ils foient pourris & confommées, en
retirer la graine, la laver, la faire fécher & la renfermer. Par cette méthode elle eft mieux nourrie
& aoûtée, & il n'en refte point dans les capfules.

LIX. RAIPONCE.

QUOIQUE la Raiponce, *Campanula Rapunculus*,
vienne d'elle-même affez abondamment dans les
haies & dans quelques prés, on la cultive dans les
Jardins pour la rendre plus groffe & plus tendre.
Sa racine, longue d'environ trois pouces fur trois
ou quatre lignes de diametre, eft charnue, tendre,
blanche, douce, fans odeur. De fon colet il fort
une touffe de feuilles longuettes, d'un vert tendre,
couchées horizontalement & difpofées en rond. Au
mois de Mai elle pouffe une tige qui s'eleve à un
ou un pied & demi, dont les rameaux nombreux
font terminés par des fleurs compofées d'un calice
à cinq divifions ; d'un feul pétale campaniforme
découpé par le bord en cinq parties égales, de

couleur bleue; de cinq étamines; & d'un style dont
le stigmate est fendu en deux & plus souvent en
trois, & qui est porté par un embryon qui devient
une capsule à deux ou trois loges remplies de
graines jaunâtres, un peu oblongues, extrêmement
petites.

Culture. En Juin il faut labourer l'espace de terre
destiné à cette plante, qui aime assez l'ombre, un
terrein doux & frais; y passer le rateau fin; semer
également la graine à la volée; la couvrir de quatre
ou cinq lignes de terreau fin, ou de deux lignes
de terre très-meuble & sableuse; au défaut de ces
matieres, passer le rateau pour enterrer la graine.
Mouiller aussi-tôt & continuer fréquemment jusqu'à ce qu'elle soit levée. Sarcler au besoin, &
arroser dans les sécheresses. On consomme la Raiponce en Février, Mars & Avril.

LX. Rave et Radis.

Le Radis, & la Rave des Jardins proprement
nommée Raifort, sont deux plantes de mêmes famille, nature, qualités & différant peu par leurs
caracteres extérieurs; de sorte que l'une pourroit
être plutôt regardée comme une variété de l'autre,
que comme une espece distincte.

I. La racine de la Rave est unie, droite, ferme

ou caſſante, pleine d'eau d'un goût fort & piquant, plus ou moins groſſe (de trois à dix lignes),
plus ou moins longue à proportion, & plus ou moins
teinte de rouge à l'extérieur, ſuivant ſa variété. Du
colet de cette racine il ſort d'abord quelques feuilles
longues de deux à trois pouces, larges de dix-huit
à trente lignes, de forme preſqu'ovale, dentelées
irrégulierement & très-peu profondément, les unes
ayant du côté de la queue quelques grandes découpures profondes, les autres étant entieres, toutes
portées par des queues aſſez groſſes, creuſées d'un
large ſillon & garnies de deux appendices placés
près de l'épanouiſſement de la feuille, qui eſt velue
& rude au toucher, ſur-tout par ſa ſurface extérieure. Lorſqu'on ne conſomme pas la Rave tendre
& jeune, ſa racine devient plus groſſe, & ſes feuilles plus nombreuſes & beaucoup plus grandes
(longues de ſept à huit pouces, larges de quatre à
cinq), aîlées ou compoſées de huit ou dix folioles
& d'une fort grande impaire arrondies à leur extrémité. Les folioles, dans un ordre plus ſouvent alterne qu'oppoſé, ſont de grandeur fort inégale ;
les premieres reſſemblant plutôt à des appendices
qu'à des folioles, & les dernieres ayant environ le
quart de l'étendue de l'impaire. Du cœur ou du
milieu de ces feuilles il s'éleve à trois ou trois
pieds & demi de hauteur une tige cylindrique, de

huit ou dix lignes de diametre, creuse, un peu
cannelée, d'un rouge tirant sur le violet, garnie
de branches alternes qui sortent de l'aisselle des
feuilles de la tige, & se terminent par des fleurs
alternes en épi, dont toutes les parties sont de
mêmes forme, grandeur, & disposition que celles
du Senevé, du Chou, ou du Navet; mais la couleur des pétales est d'un violet clair, ou d'un blanc
très-légérement lavé de rouge ; & les siliques sont
grosses, courtes, comme charnues, arrondies
inégalement sur leur diametre, pointues à leur
extrémité, les plus courtes sont presque coniques;
elles contiennent dans un ou souvent deux rangs
de loges fermées de six à dix graines rondes, d'environ une ligne de diametre, d'un jaune canelle.
Ses principales variétés sont.

1. GROSSE RAVE , *Raphanus hortensis radice
longá majore, hinc albá, indè rubrá.* La racine de
la Grosse Rave a jusqu'à sept ou huit pouces de longueur sur neuf ou dix lignes de diametre; est d'un
goût fort & piquant. Sa peau est partie blanche,
partie rouge. Son défaut de délicatesse & de douceur est compensé par sa grosseur, & par l'avantage de réussir pendant l'été.

2. RAVE commune, *Raphanus hortensis radice
longá minore rubrá.* Elle tient le milieu entre la pré·
cédente & la suivante pour la grosseur & les qualités·

Le printems & l'automne font fes deux faifons en pleine terre. Sa racine eft bien teinte de rouge.

3. RAVE hâtive, *Raphanus hortenfis longâ radice minimâ pulchrè rubrâ, præcox.* La Rave hâtive eft très-petite, mais fort tendre, douce, d'un beau rouge, & formée en peu de tems. Dès qu'elle a quatre ou cinq feuilles, elle eft bonne à cueillir, au lieu que les autres en pouffent un grand nombre avant que leur racine commence à groffir. Elle a encore l'avantage de s'élever pendant la plus rude faifon fur couches.

La Rave faumonnée eft une nouvelle variété à la mode; moins hâtive que la précédente; de la même groffeur que la Rave commune; de couleur de chair de Saumon, fort claire, comme tranf-parente, agréable à la vue.

II. Le Radis differe de la Rave par fa racine, dont le goût eft plus fort, la confiftance plus fer-me, & la forme approchant de celle du Navet; & par fa feuille, qui eft d'un vert plus clair, com-pofée de folioles moindres en nombre & en éten-due, & couchée plus horizontalement. On en compte plufieurs variétés.

1. PETIT RADIS blanc & rond, Radis de tous les mois, Radis blanc hâtif, *Raphanus hortenfis parvâ radice rotundâ albâ, præcox.* Le Petit Radis blanc fait fa racine ronde, de fept ou huit lignes de

diametre, terminée par une petite queue fort menue; sa peau est blanche. Il est tendre, délicat,
plein d'eau fort douce quoique d'un goût bien
marqué. Il est très-hâtif, réussit bien sur couche
pendant l'hiver, & au printems en pleine terre
meuble & fraîche, ou rendue telle par le terreau
& les arrosemens.

2. LE PETIT RADIS rouge hâtif, *Raphanus hor-*
tensis parvâ radice rotundâ rubrâ, præcox, se distingue bien du précédent par sa couleur rouge
très-foncée; l'intérieur même est veiné, souvent
entierement teint de rouge. Il réussit très-bien
sur couche. En pleine terre, il acquiert quelquefois plus d'un pouce de diametre.

3. PETIT RADIS blanc & long, *Raphanus hor-*
tensis parvâ radice oblongâ albâ. Le nom de ce Radis
indique ses deux caracteres. Il a plus de longueur
que les précédens, mais moins de diametre; son
goût est un peu plus piquant, il est moins tendre
& moins hâtif; réussit bien sur couche pendant
l'hiver; & en pleine terre dans les trois autres
saisons, pourvu qu'il soit mouillé fréquemment
pendant les chaleurs. Les qualités de la graine &
du terrein font souvent varier la forme des Radis,
ceux qui sont longs, ne sont ordinairement que
des Radis dégénérés.

4. PETIT RADIS gris, *Raphanus hortensis parvâ*

radice fubrotundâ cinereâ. Sa groffeur eft la même que celle du précédent ; fa forme moins longue ; fon goût plus relevé ; fa couleur grife. Il réuffit également bien en pleine terre, même pendant l'été en l'arrofant fouvent.

5. PETIT RADIS noir, *Raphanus hortenfis parvâ radice oblongâ nigrâ.* Quoique moins tendre & plus fec que les deux précédens, ce petit Radis affez alongé leur eft préféré pendant l'été & l'automne à caufe de fon goût de noifette. Sa peau eft toute noire.

6. GROS RADIS blanc, *Raphanus hortenfis magnâ radice ovatâ albâ.* Dans un terrein fort léger & frais, ou fouvent arrofé, ce Radis réuffit bien pendant l'automne. Il eft très-blanc, tendre, plein d'eau peu relevé, d'une forme très-alongée, & d'une groffeur (quinze à dix-huit lignes) bien fupérieure à celle de tous les précédens.

7. GROS RADIS noir, Radis d'hiver, Radis de Strasbourg, *Raphanus hortenfis majore radice napiformi nigrâ.* Ce Radis alongé, plus gros qu'aucun autre, eft noir, dur, fec d'un goût très-piquant. Il fe feme en Juin ou Juillet, fe mouille fouvent. On l'arrache avant les gelées, on le tranfporte dans la ferre, & on l'enterre dans du fable ; ou bien on fait une tranchée dans l'endroit le plus fec du Jardin, on l'y arrange près à près, & on le couvre

de litiere dans les grands froids. Il se consomme
pendant l'hiver. Il a une variété qui n'en differe
que par son goût moins piquant, & par sa couleur
d'un blanc sale.

Le petit Radis saumonné, ou *Radis à la Reine*
est recherché à cause de sa nouveauté, & de sa couleur semblable à celle de la Rave de même nom ;
& mérite de l'être, par qu'il est fort tendre.

J'omets plusieurs variétés de Raves & de Radis
inférieures en qualités.

Culture. I. Les Raves & les Radis en général
aiment les terres meubles, fraîches & qui ont de
la profondeur. Le printems & l'automne elles se
sement seules, ou le plus souvent parmi d'autres
légumes. Dans l'été il faut les semer à l'ombre &
les arroser très-fréquemment, pour les rendre
moins fortes & moins dures.

II. Avec de l'art & des soins on peut avoir des
Raves & des Radis pendant tout l'hiver. 1°. Au
commencement de Novembre faites des couches
de deux pieds de fumier chargées de huit ou neuf
pouces de terre meuble & terreau mêlés. Lorsque
leur chaleur est passée, & qu'elles ne sont plus que
tiédes, semez-y de la graine de Rave hâtive (ou
de Radis 1 , 2 , 3), soit à la volée, soit mieux
dans de petits trous faits avec le doigt. La graine
étant levée placez dessus des cloches ou des chassis,

& par le moyen de ces verres, de la litiere & des paillaſſons préſervez le plant des gelées & de la pluie, lui donnant cependant de l'air toutes les fois qu'il n'y a point de danger. Réchauffez les couches à propos. Ces Raves doivent être bonnes en Janvier.

2ᵉ. En Décembre faites un ſecond ſemis ſur couche plus fortes de fumier & plus chaudes. En multipliant les couvertures, les rechaufs, & les ſoins, les Raves & Radis de ce ſemis ſuccéderont à ceux du premier, en Février ou Mars.

3°. En Janvier faites un troiſieme ſemis ſur des couches encore plus fortes ; réchauffez exactement, & redoublez les ſoins & la vigilance.

4ᵉ. Enfin au commencement de Février faites un dernier ſemis ſur couches de deux ou deux pieds & demi de fumier, nues & ſans cloches ni vitrages ; mais faites deſſus un petit treillage pour ſoutenir les paillaſſons & les couvertures qui ſeront néceſſaires juſqu'à ce que la graine ſoit levée, & par la ſuite pendant les nuits, & pendant les jours froids. Augmentez ou diminuez ces couvertures ſuivant la température de l'air, & bornez bien le tour des couches avec de la litiere.

5°. En Mars vous pouvez encore faire un dernier ſemis ſur couche ; mais ordinairement, on peut commencer à ſemer en pleine terre.

Pour recueillir de la graine, il faut en Mars ou Avril planter en bonne expofition à un pied l'un de l'autre le nombre convenable de Raves & de Radis des femis d'hiver, les mouiller fréquemment juf-qu'à ce qu'ils foient bien repris; ou en laiffer en place des premiers femis du printems. Soutenir les tiges contre les vents & la pluie; arracher les pieds lorfque la plupart des filiques eft jaune; les expofer quelques jours au foleil; enfuite les fufpendre en lieu fec à couvert des fouris ou bien détacher les filiques & les renfermer; ne battre ou égrainer ces filiques qu'à mefure qu'on a befoin de graine. La graine fe conferve dans fes filiques plus de dix ans bonne à femer.

L X I. ROMARIN.

ROMARIN commun, *Rafmarinus hortenfis an-guftiore folio*, PIN. Le Romarin eft un arbriffeau touffu toujours vert, dont les tiges s'élevent de trois à fix pieds de haut, très-garnies de rameaux longs & affez grêles. Les feuilles très-nombreufes font en dedans d'un vert foncé, en dehors prefque blanches, d'une étoffe épaiffe comme chagrinée, pointues par les deux extrémités, fimples, unies par les bords, les plus grandes longues de dix-huit lignes, larges de trois lignes, roulées en dehors

par les côtés, difposées dans un ordre oppofé deux
à deux en croix. Les fleurs fortent par petits bouquets des aiffelles des feuilles, compofées d'un
calice en godet profond, ou tube court découpé
par le bord en deux ou trois dents aiguës; d'un
pétale bleu tubulé & labié, dont la lévre fupérieure eft fendue en deux, & l'inférieure eft découpée en trois parties inégales, dont celle du milieu
eft concave en cuilleron; de deux étamines, dont
les filets courbés portent des fommets, & deux
filets beaucoup plus courts & fans fommets; d'un
ftyle dont la bafe eft plantée entre les embryons
de quatre petites gaines brunes, arrondies prefqu'ovales.

Il y a une variété dont les feuilles font plus
petites & panachées de jaune. *Rofmarinus ftriatus*,
five aureus. Park. Theatr. 74. Et une autre à feuilles
panachées de blanc, *Rofmarinus hortenfis anguftiore
folio argenteus*. H. R. P. Ces deux variétés paffent
très-difficilement l'hiver en pleine terre.

Le Romarin fe perpétue par les boutures tenues
à l'ombre & féquemment mouillées jufqu'à ce
qu'elles foient reprifes, par les graines, par les
marcottes, & par les drageons enracinés. Dans ce
climat il fe plante contre les murs à l'expofition
du Nord.

LXII. ROQUETTE.

ROQUETTE cultivée, *Eruca sativa*. Cette plante se seme en Mars, s'accommode de tout terrein & n'exige aucune culture. Elle est vivace par sa racine qui est blanche, menue, ligneuse. Sa tige s'éleve de dix-huit pouces à deux pieds, & porte des feuilles alternes lisses, tendres, d'un vert presque blanc, alongées, étroites, découpées profondément à leur base, ou aîlées à un rang. La tige & ses rameaux, qui sortent de laisselle des feuilles, se terminent par des fleurs d'un jaune pâle, rayées de lignes noires, dont toutes les parties & leur disposition sont les mêmes que celles des fleurs du Chou, de la Rave, du Senevé, &c. La graine contenue dans les siliques est jaune, petite, presque sphérique ; elle se conserve bonne à semer pendant deux ans.

LXIII. RUE.

RUE domestique, *Ruta hortensis*. Cette plante vivace, dont il est bon d'avoir quelques pieds dans un Potager, n'est pas propre pour les bordures, élevant à trois pieds, & quelquefois jusqu'à six pieds ses tiges cylindriques, nombreuses, ligneuses,

branchues, qui ont de quatre à six lignes de diametre. Les feuilles font difpofées dans un ordre
alterne, les plus grandes longues de quatre à cinq
pouces, aîlées à deux ou trois rangs & terminées
par une impaire ; les folioles, quelquefois alternes,
font elles-mêmes aîlées ou compofées de deux à fix
folioles alternes, & d'une impaire ; les unes fimples les autres formées de deux à quatre découpures profondes, la plupart détachées & reffemblant
à de petites feuilles fimples pointues à leur épanouiffement, arrondies à leur extrémité ; la côte
de la feuille & les queues des folioles font fermes
& cylindriques ; le vert des feuilles eft en dedans
lavé de bleu, & clair en dehors. Les tiges & leurs
rameaux fe terminent par des bouquets de fleurs
compofées d'un petit calice à quatre (quelquefois
à cinq) divifions larges à leur bafe, pointues à leur
extrémité ; de quatre (quelquefois cinq) pétales
d'un jaune mêlé de vert, fort creufés en cuilleron
& comme chifonnés par les bords ; de huit ou dix
étamines fuivant le nombre des pétales, dont la
moitié eft attachée entre les onglets des étamines,
& l'autre moitié fur les onglets ; d'un ftyle placé
fur le gros embryon d'une capfule à quatre ou cinq
loges, fuivant le nombre des pétales, dont chaque
loge renferme plufieurs graines noires anguleufes.

Le foleil eft néceffaire à cette plante, qui ne
demande

demande aucun foin. Elle fe multiplie de graine,
de boutures, & plus communément de pieds
éclatés.

LXIV. SALSIFIX ou *CERÇIFIX.*

1. SALSIFIX commun, Salfifix blanc, *Tragopo-
gon porrifolium flore purpureo-cæruleo.* La racine de
cette plante laiteufe eft fufiforme, droite, tendre,
longue de plus d'un pied fur neuf ou dix lignes de
diametre, blanche en dehors & en dedans. De
fon collet il fort des feuilles étroites, entieres,
liffes, pliées en gouttieres, droites, d'un vert
d'eau blanchâtre, longues d'un pied à quinze
pouces, unies par les bords; & du milieu des
feuilles il s'éleve à trois ou quatre pieds une tige
affez groffe, creufe, garnie de feuilles alternes
qui l'embraffent prefqu'entiérement à leur épanouiffement, & de branches droites qui fortent
de leur aiffelle, & qui fe terminent par une fleur
compofée de demi-fleurons d'un bleu pourpre,
à cinq dents par le bord, renfermant chacun une
étamine & deux ftygmates réfléchis en dehors;
& pofés chacun fur un embryon qui devient une
graine grife, longue, anguleufe, furmontée
d'une aigrette à vingt-cinq ou trente rayons. Tous

ces demi-fleurons & leur dépendances font con-
tenus dans un calice, ou plutôt une enveloppe
fimple, c'eft-à-dire, compofée d'un feul rang de
petites feuilles longues, étroites, aiguës, au
nombre de fept ou huit, attachées par leur bafe
fur le bord d'un réceptacle nud.

2. SCORSONERE, Salfifix noir, Salfifix d'Efpagne, *Scorzonera Hifpanica.* La forme & la difpofition des parties de la Scorfonere font à-peu-
près les mêmes que celles du Salfifix commun ; la
plus grande différence eft dans les couleurs & les
grandeurs. Sa racine, couverte d'une peau noire,
eft moins longue & moins groffe. Ses feuilles,
d'un vert pré couvertes d'un duvet blanc, font
longues de dix a quatorze pouces ; depuis leur
naiffance jufque vers les deux tiers de leur longueur, elles s'élargiffent peu-à-peu jufqu'à
quinze ou vingt lignes, fe retréciffent enfuite &
fe terminent en pointe ; la plupart fe courbent
en arc vers la terre ; leurs bords font garnis irréguliérement de quelques pointes aiguës. Les
feuilles de la tige (qui eft haute de trois ou trois
pieds & demi fur trois ou quatre lignes de diametre, légerement cannelée, remplie d'une moële
blanche) font larges à leur épanouiffement qui
embraffe prefqu'entiérement la tige, & beaucoup
moins grandes que celles du pied. Les demi-fleu-

rons nombreux font d'un beau jaune clair & con-
tenus dans une enveloppe fimple, écailleufe à fa
bafe. Toutes les parties de la fleur, les graines,
les aigrettes, &c. font moindres que dans le Salfifix commun.

Culture. Dans un terrein meuble ou ameubli,
préparé par deux ou au moins par un bon labour,
fans pierres, fans mottes, & qui ne foit pas récemment fumé, on feme la graine de Salfifix en
bordures, ou mieux en planche par rayons diftans de fix ou fept pouces, à la fin d'Avril fi la
terre eft féche, à la mi-Mai en terre forte & humide (on peut ne femer la Scorfonere qu'en
Août.) On arrofe tous les deux jours, fi le tems
eft fec, jufqu'à ce que la graine foit levée. Environ fix femaines après, lorfque le plant eft for-
tifiée, on le farcle, on l'éclaircit, laiffant environ deux pouces entre chaque pied ; on regarnit
les vuides foit avec le plant qu'on vient d'arracher, foit avec d'autres graines.

Le Salfifix commun fera bon dès le mois de
Novembre fuivant, jufqu'au printems ; on laiffera en place la quantité fuffifante de pieds pour
graine, qui mûrit en Juillet.

La Scorfonere monte en graine dès le mois de
Juin de la même année, environ deux mois &
demi après qu'elle a été femée. Il faut couper les

tiges à fleur de terre lorfque la graine eft mûre, &
enfuite donner une bonne mouillure , & bientôt
elle repouffe de nouvelles feuilles. On l'abandonne fans aucuns foins jufqu'au printems fuivant
qu'on la ferfouit. Elle donne de nouvelles feuilles , & dès le mois de Mai elle monte en graine
pour la feconde fois. On coupe les têtes à mefure
qu'elles fe garniffent d'aigrettes , on les expofe
quelques jours au foleil , enfuite on nettoie la
graine & on la renferme ; car la graine de cette
feconde année eft préférable à celle de la premiere
année;celle de la troifieme annéevautencore mieux.
Après avoir ramaffé la graine, il faut couper toutes les tiges à fleur de terre ; donner quelques arrofemens pendant l'été. Dans la plupart des terreins la racine fera formée au mois de Novembre
& bonne à confommer jufqu'au mois de Mai.Si on
veut la laiffer paffer une troifieme année , elle en
fera plus groffe & meilleure. Il y a même des terreins où elle ne fe forme qu'en trois ans ; il y en a
auffi, mais très-peu, où elle eft formée dès la
premiere année. Ainfi le Salfifix commun eft plus
profitable que la Scorfonere , étant plus gros,
& n'occupant la terre qu'un an ; mais la Scorfonere eft bien fupérieure en qualité.

La graine de l'un & de l'autre ne fe conferve
bonne à femer que pendant deux ans.

LXV. SARIETTE.

SARIETTE, Savourée, Sadrée, *Satureia hortensis*. LINN. La Sariette, plante annuelle qui se multiplie de graine, n'a qu'une racine en pivot, ligneuse, garnie d'un peu de chevelu. Sa tige unique, de deux ou trois lignes de diametre & fort dure, pousse dans toute son étendue des branches opposées & rameuses dans le même ordre, qui forment comme un petit arbrisseau touffu, haut de dix à douze pouces sur autant d'étendue. Les branches & leurs rameaux sortent de l'aisselle de feuilles longues de neuf ou dix lignes, larges d'une ligne & demie, terminées en pointe, & portent un grand nombre de bouquets de cinq ou six fleurs chacun, sortant de l'aisselle de moindres feuilles dans un ordre opposé. Toutes les parties de ces fleurs, leur disposition & leur couleur sont les mêmes que celles des fleurs du Thim.

On fait des bordures d'une Sariette vivace qui ressemble beaucoup à l'Hyssope par son port & par ses feuilles très-nombreuses, dont les plus grandes sont longues d'un pouce, larges de trois lignes. Ses branches fort rameuses se renversent & s'étalent. Elle se propage par ses graines, & plus promptement par ses vieux pieds éclatés.

X iij

LXVI. SAUGE.

SAUGE franche, *Salvia minor aurita, & non aurita*. PIN. La Sauge franche forme une touffe de tiges qui s'élevent à deux pieds & plus, fort garnies de feuilles oppofées, longues d'un pouce & demi à trois pouces, & larges de huit à douze lignes, d'une étoffe forte & comme chagrinée, quoique douce au toucher ; terminées réguliérement en pointe, unies par les bords, accompagnées à leur épanouiffement de deux appendices ou petites oreilles longues & étroites, ou peut-être d'un rang d'aîles quelquefois adhérentes à la feuille par leur bafe, & quelquefois diftinctes & féparées. (ces oreilles ou appendices font le caractere diftinctif de cette variété de Sauge) ; les feuilles font portées par des queues affez déliées ; longues de douze à vingt lignes, creufées d'un fillon. De leur aiffelle il fort des rameaux garnis de feuilles dans le même ordre, mais plus petites, & la plupart fans appendices, & terminés par un épi de fleurs verticillées, ou plutôt difpofées par bouquets oppofés de trois à huit fleurs fortant de l'aiffelle de quelques très-petites feuilles ou gaines, larges à leur bafe & terminées en pointe fort aiguë. Les fleurs font compofées d'un calice en godet médio-

crement long, finement rayé de blanc & de vert,
& découpé par le bord en cinq divisions fort aiguës; d'un pétale violet clair, tubulé, fendu en
deux levres inégales, dont la supérieure est voutée
ou faite en casque & assez petite; l'inférieure est
beaucoup plus grande, & découpée en trois pieces, deux latérales courtes, petites, renversées en
dehors, & une directe beaucoup plus longue, plus
large, taillée en cœur à son extrémité, & pliée en
dessous par ses côtés; de deux etamines, & d'un
style dont la base est posée entre les embryons de
quatre graines nues, sphériques.

On compte quatorze ou quinze variétés de
Sauge distinguées par la grandeur, la couleur, la
forme des feuilles, la couleur des fleurs, le port
de la plante plus ou moins grande, touffue, feuil-
lue, &c. dont les unes ne peuvent supporter en
pleine terre les hivers de notre climat; les autres
ne sont pas supérieures en qualités à la Sauge
franche. Elle se multiplie plus rarement de graines
que de pieds éclatés & plantés au printems en
touffes ou en bordures.

L X V I I. T H I M.

THIM commun, Thim à petite feuille. *Thymus
vulgaris tenuiore folio.* PIN. Les racines sont

ligneuſes, rameuſes, fibreuſes : de leur collet il s’éleve à huit ou neuf pouces des tiges ligneuſes & garnies d’un grand nombre de petits rameaux dans un ordre oppoſé, qui dans toute leur longueur portent de très-petites feuilles oppoſées, longues d’environ deux lignes, fort étroites & le paroiſſant d’autant plus qu’elles ſe plient en dehors ſur leurs côtés. De leurs aiſſelles il ſort de petits bouquets de feuilles encore beaucoup moindres, ou des bouquets de cinq à dix fleurs preſque ſeſſiles ; à l’extrémité des rameaux les fleurs ſont ſouvent verticillées. Le calice des fleurs eſt un tube court, fendu én deux lévres, dont la plus grande a trois dents & l’autre deux. Il renferme un pétale tubulé, légérement lavé de pourpre, fendu en deux lévres, dont l’inférieure eſt découpée en trois pieces ou lobes arrondies à leur extrémité, chacune preſqu’auſſi grande que la lévre ſupérieure, qui eſt légérement découpée en deux. L’intérieur de la fleur eſt occupé par quatre étamines, dont deux beaucoup plus courtes que les autres ; & par un ſtyle fendu en deux à ſon extrémité, & entouré à ſa baſe par quatre embryons d’autant de petites graines ſphériques.

Le Thim commun a une variété à feuilles panachées de blanc, *Thymus vulgaris tenuiore folio ex albo variegato.*

Le Thim à large feuille, *Thymus humilis lati-folius*, pouſſe des rameaux fort nombreux qui s'abattent & rampent preſque contre terre. Ses feuilles, beaucoup plus grandes, ſont oblongues, d'un vert foncé, & moins odorantes.

Le Thim citronné, *Thymus humilis latifolius citri odore*, ne differe du précédent que par ſon odeur de citron.

Le Thim de Crete eſt trop difficile à élever & à conſerver dans ce climat.

Au printems on éclate les touffes de Thim, pour former d'autres touffes, ou des bordures.

LXVIII. TOMATE.

1. GRANDE TOMATE, Pomme d'Amour, *Sola-num Lycoperſicon*. LINN. Ce Solanum, originaire d'Amérique, eſt une plante annuelle, ſarmen-teuſe, dont la tige produit preſque dès ſa naiſ-ſance des branches ſouples, qui ſe ſous-diviſent en rameaux, & forment une touffe qui s'éleve à trois ou quatre pieds lorſqu'elle eſt ſoutenue par des échalas; autrement ſes branches retombent vers la terre. L'ordre de ſes branches, de ſes rameaux, de ſes feuilles, &c. eſt peu régulier, tantôt op-poſé, le plus ſouvent alterne. La tige & les bran-

ches font cylindriques, pleines, ligneufes, garnies de feuilles aîlées par interruption à plufieurs
rangs, ou compofées de fix folioles principales
& d'une impaire. A une queue cylindrique, longue de fix à fept pouces, font attachés, fans arti-
culation & dans un ordre peu régulier, les pédicules de toutes les folioles. Les grandes folioles
font recompofées de petites folioles entieres, cordiformes un peu alongées, dentelées peu profondément, le plus fouvent unies par les bords; &
d'une grande impaire oblongue, large à fa bafe &
découpée profondément & irrégulierement, dans
le refte dentelée groffiérement, & terminée en
pointe. L'impaire de la feuille eft de mêmes forme
& grandenr que celles des grandes folioles. Entre
chaque rang de ces grandes folioles, il naît de
deux jufqu'à fix folioles fimples, la plupart fort
petites, femblables aux petites folioles des aîles.
Sur le côté des branches oppofé aux feuilles &
très-rarement vis-à-vis de l'infertion de leurs
queues, il naît des bouquets ou corimbes de fix à
dix fleurs, compofées d'un calice d'une feule piece
qui a de cinq à huit divifions étroites & pointues;
d'un pétale découpé très-profondément en autant
de divifions que le calice, mais beaucoup plus
grandes, repréfentant une étoile à cinq & plus
fouvent à fept ou huit rayons d'un jaune clair; de

cinq à huit étamines, fuivant le nombre des divifions du pétale, dont les antheres ou fommets
font réunis par les côtés, & raffemblés contre
un ftyle furmonté de fon ftygmate & porté par
un embryon fphérique, & relevé fuivant fa hauteur d'autant de côtes qu'il y a d'étamines. Cet
embryon devient une baie fphérique très-applatie par les extrémités, fouvent mal arrondie fur
fon diametre, relevée de plufieurs côtes fuivant
fa hauteur, couverte d'une peau mince, mais
ferme, qui devient d'un beau rouge brillant; fa
chair eft très-aqueufe, devient dans fa maturité
d'un rouge ponceau, fe réfoud prefqu'entiérement en eau, qui dans l'extrême maturité contracte une acidité agréable. Il feroit dangereux de
faire ufage de ce fruit avant qu'il ait acquis cette
acidité. Son diametre eft de deux à deux pouces
& demi, & fa hauteur de quinze à dix-huit lignes.
Il eft intérieurement divifé en cinq à huit loges,
dans lefquelles on trouve un grand nombre de
graines minces, plates, orbiculaires.

Il arrive fouvent que deux fleurs s'uniffent, fe
colent, & fe confondent depuis le pédicule jufqu'au ftyle dans toutes leurs parties, de forte
qu'elles ne font qu'une feule fleur dont le calice
a de dix à quatorze divifions; le pétale autant de
découpures, dont plufieurs font fendues profon-

dément, ce qui le fait paroître femi-double; les étamines, au nombre de dix à quatorze, ferrent un ftyle large & plat. Les fruits qui proviennent de ces fleurs font beaucoup plus gros que les autres, d'une forme très-irréguliere, ayant un grand & un petit diametre fort inégaux.

2. PETITE TOMATE, *Solanum Lycoperficon minus.* La conftruction & la forme de toutes les parties de cette variété font les mêmes que celles de la Grande Tomate, mais elles font beaucoup moindres. La plante s'éleve à un pied & demi ou deux pieds, fe foutient bien, & repréfente un joli arbriffeau. Ses fruits font réguliérement fphériques, d'un très-beau rouge, de neuf ou dix lignes de diametre, & mûriffent long-tems avant ceux de la Groffe Tomate, dont la plupart ne parviennent point à maturité, fi elle n'eft femée de bonne heure & avancée fur couches.

Culture. Au printems on feme la Tomate fur couches. Lorfque le plant eft affez fort on le plante en pleine terre en bonne expofition, ou fur les plate-bandes des grands parterres, où fes fruits rouges font un bel effet pendant l'automne. Quelques arrofemens pendant l'été, & des tuteurs pour fe foutenir, font tout ce que cette plante exige.

Fin de la feconde Partie.

TABLE

ALPHABÉTIQUE

Des Matieres contenues dans la seconde
Partie de ce Traité.

Ses efpeces & variétés.

Fin de la Table.